中国现代农业产业可持续发展战略研究

蛋鸡分册

国家蛋鸡产业技术体系　编著

中国农业出版社

内容简介

本书是一部较全面系统分析我国蛋鸡产业可持续发展战略的著作。

本书从产业发展的整体角度出发，系统梳理和总结了我国蛋鸡产业的发展战略问题。内容分为三大部分：第一部分蛋鸡产业发展概况，分为两章，从生产发展、科技发展、流通发展、消费发展、贸易发展、供求平衡发展和废弃物处置与资源利用发展等七个方面分别分析我国和世界蛋鸡产业的发展概况；其中，还对世界蛋鸡产业发展中的消费发展、主产国产业政策，及其对我国蛋鸡产业发展的借鉴进行了分析。第二部分中国蛋鸡产业可持续发展战略研究，分为三章，主要对我国蛋鸡种业、疾病控制、营养与饲料、生产与生产方式、环境控制、废弃物加工等六个方面存在的主要问题、发展趋势、战略思考和发展政策进行了论述。第三部分中国蛋鸡产业可持续发展战略对策，分为两章，先总结和分析了中国蛋鸡产业政策的演变、存在问题、发展趋势，然后根据前面六章的分析，提出了中国蛋鸡产业可持续发展战略。

编 写 人 员

主　　编　杨　宁

副 主 编　秦　富

编 著 者　杨　宁　秦　富　吴常信　刘秀梵

佟建明　李保明　马美湖　袁正东

孙　皓　马　骥　曲鲁江

出 版 说 明

为贯彻落实党中央、国务院对农业农村工作的总体要求和实施创新驱动发展战略的总体部署，系统总结“十二五”时期现代农业产业发展的现状、存在的问题和政策措施，进一步推进现代农业建设步伐，促进农业增产、农民增收和农业发展方式的转变，在农业部科技教育司的大力支持下，中国农业出版社组织国家现代农业产业技术体系对“十二五”时期农业科技发展带来的变化及科技支撑产业发展概况进行系统总结，研究存在问题，谋划发展方向，寻求发展对策，编写出版《中国现代农业产业可持续发展战略研究》。本书每个分册由各体系专家共同研究编撰，充分发挥了现代农业产业技术体系多学科联合、与生产实践衔接紧密、熟悉和了解世界农业产业科技发展现状与前沿等优势，是一套理论与实践、科技与生产紧密结合、特色突出、很有价值的参考书。

本书出版将致力于社会效益的最大化，将服务农业科技支撑产业发展和传承农业技术文化作为其基本目标。通过编撰出版本书，希望使之成为政府管理部门的政策决策参考书、农业科技人员的技术工具书及农业大专院校师生了解与跟踪国内外科技前沿的教科书，成为农业技术与农业文化得以延续和传承的重要馆藏书籍，实现其应有的出版价值。

序

据记载，我国在原始社会就开始养殖蛋鸡，以满足人们对鸡蛋的需求。蛋鸡产业的发展壮大是在新中国成立以后，尤其是改革开放以后，我国鸡蛋产量在1985年超过美国，位居世界第一位，并持续至今。

我国蛋鸡产业的发展能力不断增强，尤其表现在标准化规模养殖发展速度加快，截至2010年，全国蛋鸡规模养殖比例达到79%。在发展的过程中，蛋鸡产业取得了令人瞩目的成就：满足了消费者的需求、提高了人民生活水平、改善了人们的膳食结构，而且带动了相关产业发展，促进了就业和农民增收。

我国蛋鸡产业既面临前所未有的发展机遇，又面临一系列更加突出的挑战。挑战主要来自于资源、技术、经济及环境的约束。在资源约束方面，饲料粮供需矛盾突出，良种、劳动力等资源紧张状况不容忽视；在技术约束方面，我国蛋鸡养殖方式落后、蛋鸡良种缺乏、个体生产性能不高、科技成果转化率低、疫病的发生与发展更趋复杂多变；在经济约束方面，我国蛋鸡产业依然面临着信息制约、市场制约和政策制约；在环境约束方面，蛋鸡粪便等废弃物得不到有效消纳和处理，环境制约问题越来越突出。

当然，我国蛋鸡产业在发展过程中仍存在一些亟待解决的问题，这些问题严重影响我国蛋鸡产业的可持续发展。正是在这种产业发展需求的背景之下，国家蛋鸡产业技术体系产业经济研究室专门成立了“可持续发展研究组”，开展有关蛋鸡产业可持续发展问题的研究。研究蛋鸡产业的可持续发展不能从单一的产业环节进行分析和研究，应该从整体的角度分析，并借鉴蛋鸡产业发展较好的国家和地区的发展经验，从而提出我国未来10～20年蛋鸡产业的发展战略，为政府有关部门决策提供参考依据，使广大蛋鸡产业各环节主体了解和掌握蛋鸡产业的发展进程及未来发展的趋势，期待对促进蛋鸡产业的可持续发展有所贡献。

本书编委会成员之间密切合作，在充分征求外部专家意见和建议的基础上，形成了基于我国蛋鸡产业可持续发展战略的研究思路和框架，并通过合理分工，高效率地运作本书的撰写工作。在本书撰写工作开展期间，编委会通过多种渠道搜集世界及我国蛋鸡产业的产量、贸易等数据，形成了一套较为完善的蛋鸡产业发展数据库，为分析世界及我国蛋鸡产业的发展问题提供了数据支持；选择具有代表性的蛋鸡养殖区，重点对辽宁、河北、山东、湖北和四川省的蛋鸡产业进行了实地调研，为本书的撰写提供了翔实的材料支撑。

在不断跟踪了解我国蛋鸡生产经营现状、深入剖析我国区域蛋鸡产业发展存在的问题，以及借鉴世界鸡蛋主要生产国的产业发展经验基础上，团队成员围绕课题所设置的研究目标展开了细致的分析和研究，也取得了一定的成果，这些研究成果可为制定我国蛋鸡产业的相关战略及政策提供参考依据。

本书是集体研究的成果。全书由杨宁总体设计和安排，并最后定稿。国家蛋鸡产业技术体系产业经济研究室主任、中国农业科学院农业经济与发展研究所秦富教授负责全书的写作组织，并对全书进行了系统修改。国家蛋鸡产业技术体系产业经济研究室骨干专家、中国农业大学经济管理学院马骥教授负责具体联络和书籍的整合工作。在本书撰写过程中，国家蛋鸡产业技术体系的岗位科学家吴常信院士、刘秀梵院士、佟建明研究员、李保明教授、马美湖教授、曲鲁江副研究员提供了大量材料，并提出了中肯的修改意见和建议；中国农业大学经济管理学院博士研究生朱宁、李亮科和李莎莎为本书的撰写做了大量的工作；体系内的综合试验站也提供了基础材料和修改意见，为本书的顺利完成提供了保障，在此向他们表示深深的谢意。

当然，书中的观点、内容和研究方法，特别是书中存在的不足之处，完全由作者负责。欢迎各界同仁进行批评指正，对此我们表示衷心的感谢。

国家蛋鸡产业技术体系首席科学家　杨　宁

目录

出版说明
序
导言 …………………………………………………………………… 1
一、研究背景 ………………………………………………………… 1
二、研究意义 ………………………………………………………… 2
三、研究目标和内容 ………………………………………………… 2
四、研究框架 ………………………………………………………… 3

第一部分　蛋鸡产业发展概况

第一章　中国蛋鸡产业发展 ……………………………………………… 7
第一节　生产发展历程及现状 ………………………………………… 7
一、发展历程 ………………………………………………………… 7
二、生产格局 ………………………………………………………… 11
三、经济效益 ………………………………………………………… 13
第二节　科技发展历程及现状………………………………………… 15
一、育种 ……………………………………………………………… 15
二、疾病控制 ………………………………………………………… 17
三、营养与饲料 ……………………………………………………… 18
四、环境控制 ………………………………………………………… 19
五、加工技术 ………………………………………………………… 20
第三节　流通发展历程及现状………………………………………… 21
一、发展历程 ………………………………………………………… 21
二、流通模式 ………………………………………………………… 22
第四节　消费发展历程及现状………………………………………… 27
一、发展历程 ………………………………………………………… 27
二、城乡居民鸡蛋消费 ……………………………………………… 28
三、鸡蛋消费结构 …………………………………………………… 36

四、影响鸡蛋消费的主要因素 …… 38
第五节　贸易发展历程及现状 …… 39
一、发展历程 …… 39
二、现状 …… 41
三、特点 …… 42
第六节　供求平衡发展历程及现状 …… 43
一、发展历程 …… 43
二、现状 …… 44
三、特点 …… 45
第七节　废弃物处置、资源利用发展历程及现状 …… 45
一、发展历程 …… 46
二、现状 …… 47
三、处理模式 …… 47
第二章　世界蛋鸡产业发展及借鉴 …… 52
第一节　世界蛋鸡产业发展概况 …… 52
一、世界鸡蛋生产现状、布局及特点 …… 52
二、主要生产国蛋鸡生产情况 …… 54
第二节　科技发展现状及特点 …… 58
一、育种 …… 59
二、疾病控制 …… 59
三、营养与饲料 …… 60
四、环境控制 …… 61
五、生产方式 …… 62
第三节　流通发展现状和特点 …… 62
一、流通发展现状及特点 …… 62
二、主要国家鸡蛋流通情况 …… 63
第四节　加工业发展现状和特点 …… 65
一、加工业发展现状及特点 …… 65
二、主要国家鸡蛋加工情况 …… 66
第五节　消费发展现状和特点 …… 67
一、消费发展现状及特点 …… 67
二、主要国家消费发展情况 …… 68
第六节　贸易发展现状和特点 …… 72
一、贸易总体发展情况与特点 …… 72
二、主要国家鸡蛋贸易情况 …… 74

第七节　供求平衡发展现状和特点 …… 78
一、供求平衡现状及特点 …… 78
二、主要国家鸡蛋供求平衡现状及特点 …… 80
第八节　废弃物处置、资源利用现状和特点 …… 83
一、废弃物处置、资源利用现状和特点 …… 83
二、主要国家废弃物处置、资源利用情况 …… 83
第九节　主产国产业政策研究 …… 87
一、产业支持政策 …… 87
二、科技发展政策 …… 89
三、环境政策 …… 90
四、贸易政策 …… 91
五、法律法规、制度及标准 …… 92
第十节　国际经验借鉴 …… 94
一、美国的经验及启示 …… 94
二、欧盟的经验及启示 …… 97
三、日本的经验及启示 …… 97

第二部分　中国蛋鸡产业可持续发展战略研究

第三章　中国蛋鸡种业战略研究 …… 103
第一节　种业发展现状 …… 103
一、祖代蛋种鸡 …… 103
二、父母代蛋种鸡 …… 106
三、商品代蛋雏鸡 …… 106
第二节　种业存在问题 …… 107
一、过度依赖进口品种 …… 107
二、育种技术仍存差距 …… 107
三、种鸡市场趋于饱和 …… 108
四、种鸡行业门槛较低 …… 108
第三节　育种业发展趋势 …… 108
一、市场竞争更加激烈 …… 108
二、国内新品种扩张 …… 109
三、科技创新与示范推广速度加快 …… 109
第四节　战略思考及政策建议 …… 109
一、挑战与机遇 …… 109
二、战略思考 …… 110

三、政策建议 …… 112

第四章 中国蛋鸡疾病控制与生产发展战略研究 …… 114

第一节 疾病控制发展战略 …… 114
一、存在的主要问题 …… 114
二、疫病防控技术发展趋势 …… 115
三、发展机遇 …… 116
四、战略思考 …… 116
第二节 营养与饲料发展战略 …… 117
一、存在的主要问题 …… 117
二、发展趋势 …… 119
三、发展机遇 …… 120
四、战略思考 …… 120
第三节 生产与生产方式发展战略 …… 121
一、存在的主要问题 …… 121
二、发展趋势 …… 122
三、发展机遇 …… 123
四、战略思考 …… 123
第四节 环境控制发展战略 …… 124
一、存在的主要问题 …… 124
二、发展趋势 …… 125
三、发展机遇 …… 125
四、战略思考 …… 126
第五节 废弃物发展战略 …… 127
一、存在的主要问题 …… 127
二、发展趋势 …… 128
三、发展机遇 …… 129
四、战略思考 …… 130

第五章 中国鸡蛋加工业发展战略研究 …… 132

第一节 加工业发展现状 …… 132
一、产业总量 …… 132
二、产品结构 …… 133
第二节 加工产业存在问题 …… 134
一、需求层面 …… 134
二、供给层面 …… 134

三、产业链层面 …… 136
第三节　加工产业发展趋势 …… 137
一、发展机遇 …… 137
二、蛋品加工业的发展趋势 …… 137
第四节　战略思考及政策建议 …… 138
一、战略思考 …… 138
二、政策建议 …… 139

第三部分　中国蛋鸡产业可持续发展战略对策

第六章　中国蛋鸡产业政策研究 …… 143
第一节　产业政策演变 …… 143
一、育种政策 …… 143
二、生产经营政策 …… 144
三、投入品政策 …… 145
第二节　产业政策存在问题 …… 149
第三节　产业政策发展趋势 …… 150
第四节　战略思考及政策建议 …… 151
第七章　中国蛋鸡产业可持续发展的战略选择 …… 152
第一节　战略意义 …… 152
一、可持续发展的内涵与内容 …… 152
二、我国蛋鸡产业可持续发展的基本内涵与内容 …… 153
三、我国蛋鸡产业可持续发展的战略意义 …… 153
第二节　战略定位 …… 155
一、总体定位 …… 155
二、总体原则 …… 155
第三节　战略重点 …… 156
一、发展重点 …… 156
二、重点工程 …… 157
第四节　战略选择 …… 158
一、战略目标 …… 158
二、战略选择 …… 159

导　言

一、研究背景

自新中国成立以来，在粮食产量增长、政府“菜篮子”工程政策等综合因素的促进下，我国蛋鸡产业取得了瞩目的成就，尤其是改革开放之后我国蛋鸡产业得到了快速发展，自1985年以来我国一直是世界上最大的鸡蛋生产和消费大国。生产上，我国蛋鸡养殖从农户家庭小规模经营为主，逐渐走上规模化和标准化的趋势，特别是进入21世纪以后，蛋鸡养殖的规模化程度和标准化程度快速提升，2011年我国蛋鸡养殖的规模化水平已经超过80%。2011年我国蛋鸡总存栏量约为15亿只，鸡蛋产量达到2 389.71万吨，这一产量分别是新中国成立初期和改革开放初期我国鸡蛋年产量的62.75倍和6.04倍，约占当年世界鸡蛋总产量的40%，鸡蛋人均产量达到17.74千克/人。随着鸡蛋产量的增加，蛋鸡产业产值也在不断增加，在2003年突破千亿元大关后，目前已经形成种鸡、蛋鸡、鸡蛋零售、饲料、兽药疫苗相关产业年产值超过3 500亿元的庞大产业链。消费上，我国居民户内年人均鸡蛋消费为10.12千克/人，城市的消费走势与美国20世纪70年代之后的消费走势非常相似，城市的人均鸡蛋消费量随人民生活水平的提高出现停滞。

蛋鸡产业的快速发展为繁荣农村经济、增加农民收入和满足居民食物营养需求做出了积极的贡献。为满足消费者需求、提升人们生活水平、促进农民增收和就业等方面发挥了重要作用。

虽然我国蛋鸡产业的总量规模庞大，但长期以来以小规模养殖为主的生产模式，造成我国蛋鸡产业总体的标准化、集约化程度较低，产业发展的稳定性和综合实力较弱。目前我国的蛋鸡产业正由传统养殖向现代养殖转型，目前是转型的关键期，但我国的蛋鸡产业仍然存在较多问题，比如饲养方式落后、养殖自动化水平低、废弃物处置不当、蛋鸡生产性能不高、鸡蛋价格波动剧烈、饲料粮需求与粮食安全存在矛盾、疫病防控难度大、蛋鸡相关的宏观政策执行机制不完善，以及蛋品贸易受到冲击等问题都表现得很明显，这些问题不仅仅影响到了蛋鸡产业的可持续发展，而且影响到了人们的生活和健康。

基于此，本研究通过对蛋鸡产业各个环节、各个方面的发展历程和现状的总结，并结合国外蛋鸡产业发展的经验，对我国蛋鸡产业的可持续发展问题进行深入分析，以期加快蛋鸡产业发展方式的转变，走中国特色的蛋鸡产业可持续发展道路，实现蛋鸡产业的健康稳定发展，对蛋鸡产业的发展具有非常重要的意义。

二、研究意义

本研究作为我国蛋鸡行业可持续发展的重要基础，重点分析了我国蛋鸡行业在生产、科技、流通、加工、消费、贸易、供求平衡和废弃物处置与资源利用等方面的现状和问题，并分析了世界主要蛋鸡生产国家的蛋鸡产业发展的历程和先进经验，对我国未来蛋鸡行业产业布局、科技发展、产品流通、产品深加工、消费引导、国际贸易、废弃物处理等方面的规划与政策制定具有重要的借鉴作用，有利于蛋鸡行业实现经济、社会和生态三者协调统一可持续发展。

三、研究目标和内容

（一）研究目的

本书以蛋鸡产业可持续发展战略研究为目的，研究我国蛋鸡产业发展概况，并分析我国与世界主要国家蛋鸡生产、科技、流通、加工、消费、贸易和供求平衡的发展历程、现状、特点、相关政策、存在问题、发展趋势等六个方面。

（二）研究内容

第一部分　蛋鸡产业发展概况

第一章　中国蛋鸡产业发展

分析我国蛋鸡产业生产、科技、流通、加工、消费、贸易和供求平衡的历程和现状，从总体分析我国蛋鸡行业的现状和问题。

第二章　世界蛋鸡产业发展及借鉴

从生产现状、布局及特点等方面分析 1961 年以来世界蛋鸡产业发展概况；从生产、科技流通、加工、消费、贸易、供求平衡和废弃物处置与资源利用分析世界蛋鸡产业科技发展概况；分析世界蛋鸡主产国产业政策，并借鉴国际先进经验提出对我国蛋鸡产业发展的启示。

第二部分　中国蛋鸡产业可持续发展战略研究

第三章　中国蛋鸡种业战略研究

分析我国蛋鸡种业发展现状、存在问题、发展趋势、战略思考及政策建议。

第四章　中国蛋鸡疾病控制与生产发展战略研究

分析我国蛋鸡行业疾病控制、营养与饲料、生产与生产方式、环境控制、废弃物处置等方面存在的主要问题、发展趋势、发展机遇和战略思考。

第五章　中国鸡蛋加工业发展战略研究

从产业总量和产品结构两方面考虑我国鸡蛋产品加工业发展现状；从需求、供给和产业链三个方面分析我国鸡蛋产品加工产业存在问题；并分析我国鸡蛋产品加工产业发展趋势、战略思考及政策建议。

第六章　中国蛋鸡产业政策研究

分析我国蛋鸡产业的产业政策演变、蛋鸡产业政策存在的问题、蛋鸡产业政策发展趋势，以及战略思考及政策建议。

第七章　中国蛋鸡产业可持续发展的战略选择。

四、研究框架

本书具体研究思路如下：从文献查阅与整理、实地调研材料整理和相关数据整理入手，对我国蛋鸡产业发展概况进行研究。从中国范围和世界范围，以及生产、科

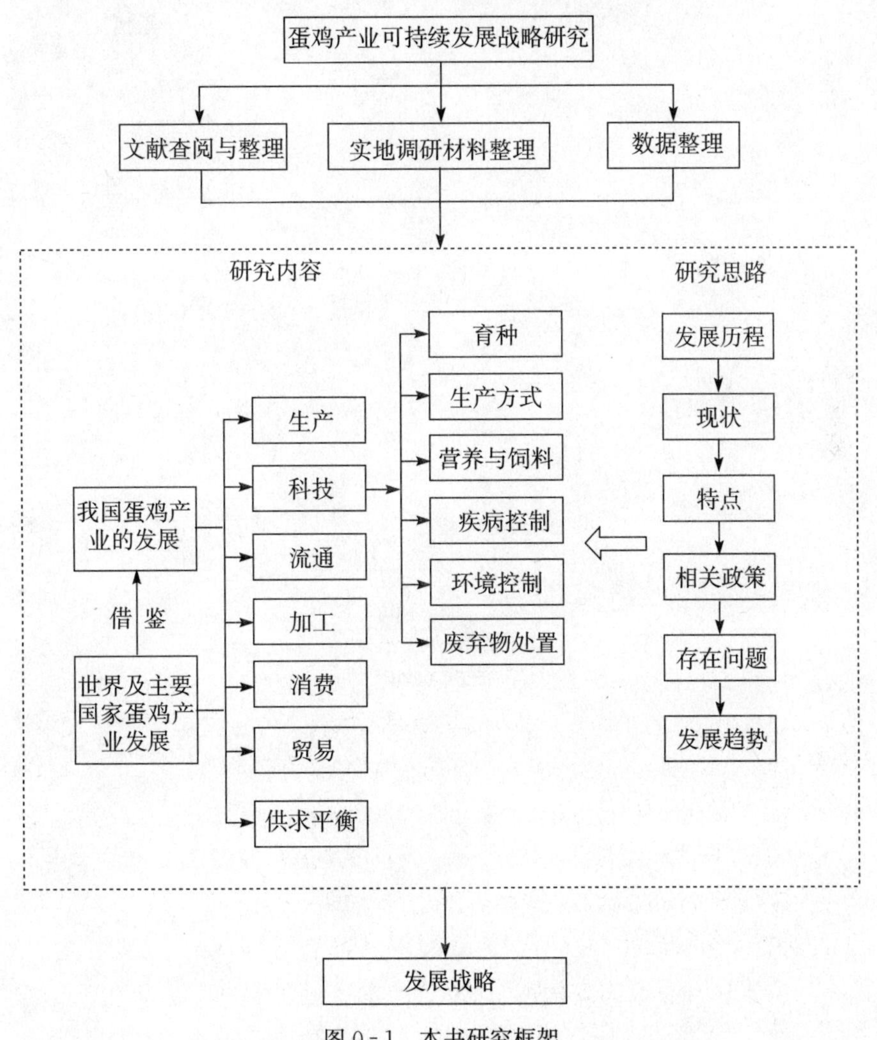

图 0-1　本书研究框架

技、流通、加工、消费、贸易和供求平衡等多个角度对中国蛋鸡的可持续发展进行研究。本书的研究框架见图0-1。根据研究内容，本研究从发展历程、现状、特点、相关政策、存在问题、发展趋势等六个方面进行分析，通过这些分析提出蛋鸡产业各个方面的可持续发展战略。

第一部分
蛋鸡产业发展概况

第一章　中国蛋鸡产业发展

第一节　生产发展历程及现状

一、发展历程

蛋鸡产业的主产品是鸡蛋。从鸡蛋产量增长的角度来看*，自新中国成立以来，我国的蛋鸡产业在经历了缓慢发展、初步发展和快速增长阶段后，目前已经进入稳步发展期（图 1-1）。

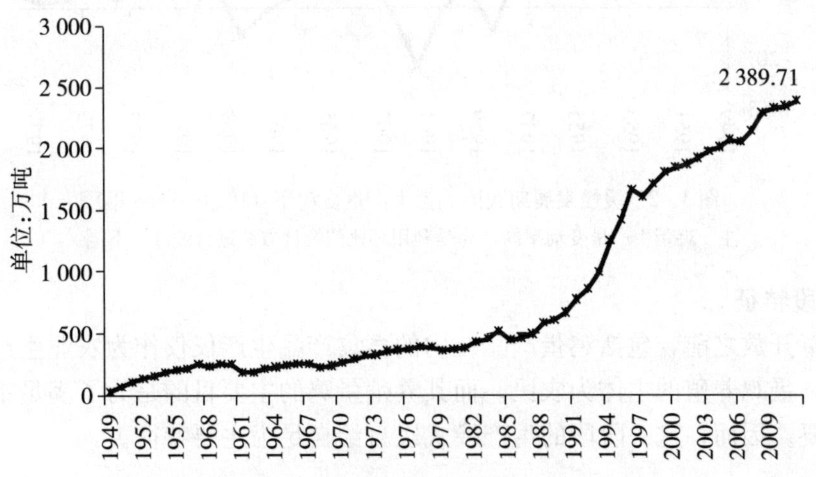

图 1-1　我国鸡蛋生产量趋势（1949—2011 年）

资料来源：历年《中国统计年鉴》及《新中国五十五年统计资料汇编（1949—2004）》。

（一）缓慢发展期（1949—1978 年）

从图 1-1 中可以看出，1978 年以前我国历年鸡蛋产量均未超过 400 万吨，在 1977 年达到了这一时期的鸡蛋产量最高点 399.50 万吨。之所以鸡蛋产量在这一时期相对比较低，主要是因为这一时期新中国刚刚成立，百业待兴，而且这一时期是我国的计划经济发展阶段，在“以粮为纲”政策和农业支持工业的发展背景下，蛋鸡产业

---

* 由于缺乏各年度具体的鸡蛋产量数据，本书按照鸡蛋产量占禽蛋产量的 85%的比例折算为鸡蛋产量。

属于农民的家庭副业。

1. 发展速度

这一时期的主要特点是缓慢发展、平稳增长（图 1-2）。该时期每年鸡蛋产量总体上呈现出增长的趋势，但也经历了 1949—1961 年、1962—1968 年和 1969—1978 年的三次波动。1949—1961 年，主要受全国范围严重自然灾害的影响，我国的鸡蛋产量变动率一直处于下降趋势，甚至出现了负增长（1957—1958 年和 1960—1961 年）；1962—1968 年，属于我国“三年自然灾害”恢复时期，我国鸡蛋产量缓慢上升；1969—1978 年，我国鸡蛋产量发展比较平稳。

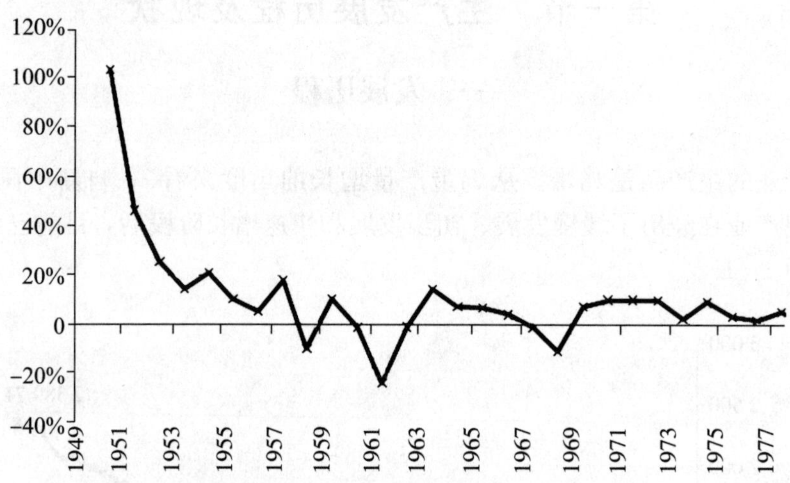

图 1-2　缓慢发展期我国鸡蛋生产量变动率（1949—1978 年）

注：鸡蛋生产量变动率的计算是利用环比的统计方法进行统计。下同。

2. 阶段特征

在改革开放之前，包括鸡蛋产品在内的畜禽产品生产仅仅作为农业生产过程中的副业存在，蛋鸡养殖的主体为农民，而其养殖蛋鸡的主要目的是为了满足本家庭食品消费的需要。因而，这一阶段的生产模式以自给自足为主要特征。

（二）初步发展期（1979—1990 年）

自改革开放以来，我国农产品市场逐步形成，同时在各地政府“菜篮子”工程政策的影响下，我国蛋鸡产业进入初步发展期（图 1-3）。

1. 发展速度

这一时期的主要特点是初步发展、增长平稳。借助改革开放的契机，我国鸡蛋产量在这一时期呈现出上涨的趋势（除 1985 年）。1982 年我国鸡蛋产量超过 400 万吨，1984 年超过 500 万吨，1989 年超过 600 万吨。

2. 阶段特征

这一时期我国形成了国营、集体和农户等三个主体生产的格局，尤其是在全国各

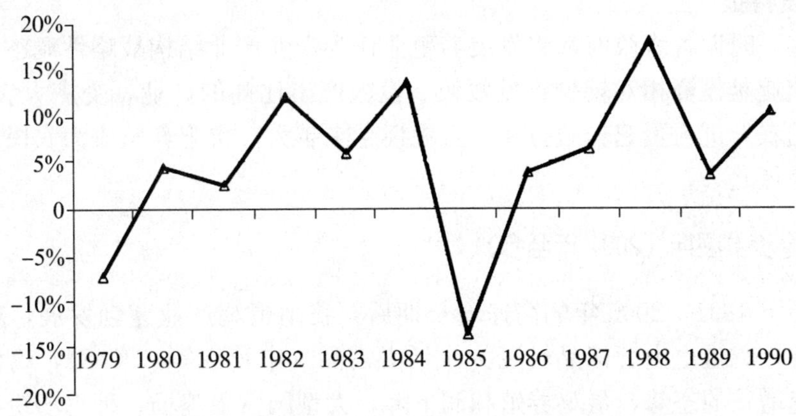

图 1-3　初步发展期我国鸡蛋生产量变动率（1979—1990 年）

地兴建了一批国营的蛋鸡场、种鸡场，为传播先进技术作出了重大贡献。在国营蛋鸡养殖场的带动下，有些地方的农户发现了鸡蛋生产的致富作用，开始发展小规模蛋鸡养殖，形成了局部的养殖密集带。

（三）快速增长期（1991—2000 年）

20 世纪 90 年代，特别是 90 年代中期以来，我国的蛋鸡产业进入了一个新的发展阶段，国内鸡蛋消费市场已由长期短缺、供不应求转为总量平衡、丰年有余（图 1-4）。

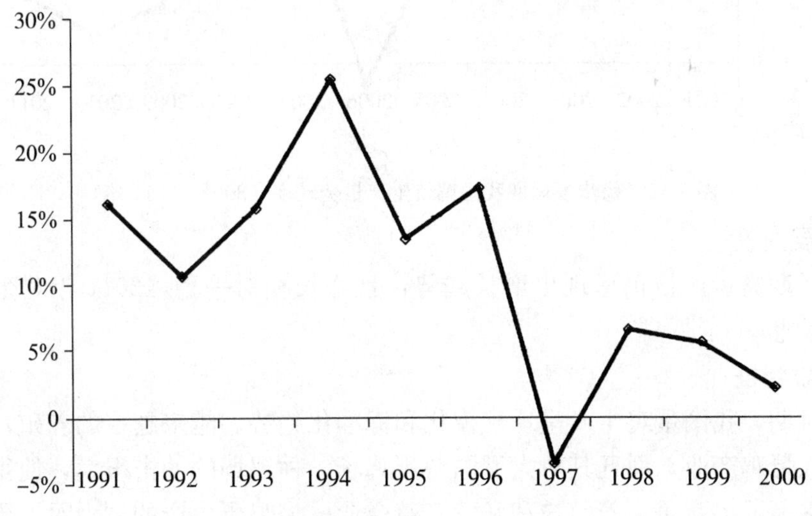

图 1-4　快速发展期我国鸡蛋生产量变动率（1991—2000 年）

1. 发展速度

这 10 年间我国鸡蛋产量迅速增长，年平均增长率高达 10.9%。1992 年，我国人均鸡蛋占有量达到 8.7 千克，首次超过 6.6 千克的世界人均水平。2000 年，我国鸡蛋总产量达到 1 854.71 万吨，占世界总产量的 41.9%，稳居世界产量第一位。

2. 阶段特征

由于这一时期各级政府都将发展养殖业作为农业产业结构战略性调整的重点，同时蛋鸡养殖业是投资相对较少、见效快、投入产出比高的产业，受广大农民所青睐，所以更多的农户进入蛋鸡养殖行业，且规模越来越大，蛋鸡养殖成为农民提高收入水平的重要途径之一。

（四）稳步发展期（2001 年至今）

在经历了 1991—2000 年的高速增长期后，我国蛋鸡产业蓬勃发展，鸡蛋供求矛盾得到缓解，鸡蛋也由奢侈品转变为生活必需品（申秋红等，2008），鸡蛋供给量不再呈现快速增长的态势，蛋鸡养殖利润下降，大型国营蛋鸡场、种鸡场纷纷倒闭、转产、退出竞争，我国蛋鸡产业进入稳步发展时期（图 1-5）。

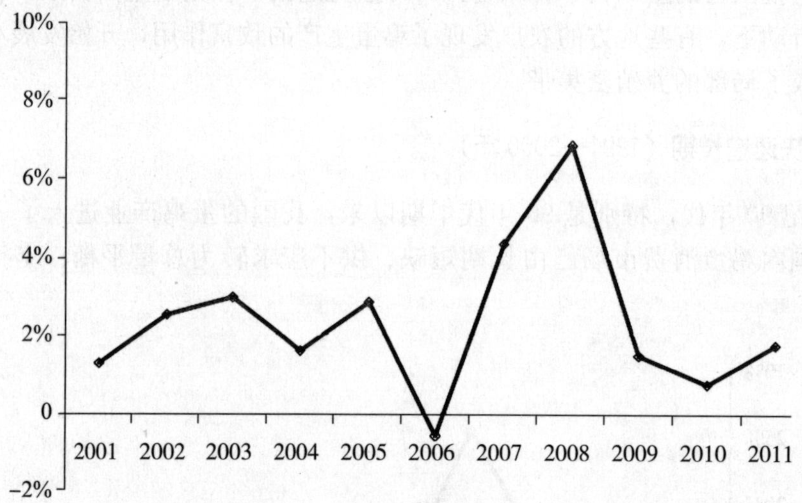

图 1-5　稳步发展期我国鸡蛋生产量变动率（2001—2011 年）

1. 发展速度

这一时期禽蛋产量仍呈现出增长趋势，且增长相对平稳，2011 年鸡蛋产量达到 2 389.71万吨。

2. 阶段特征

这一时期，我国蛋鸡生产呈现规模化和标准化趋势。越来越多的养殖户、私人养殖企业进入蛋鸡产业，而且其对大型国营蛋鸡场、种鸡场的冲击很大，使得这些国营养殖企业逐渐退出竞争，养殖户和私营养殖企业成为鸡蛋生产的主力军。蛋鸡养殖的规模化程度和标准化程度也得到了快速提升（图 1-6），2010 年我国蛋鸡养殖的规模化水平达到 79%*。

---

* 根据《中国畜牧业年鉴》对蛋鸡规模化养殖场界定的标准，规模养殖场指年存栏量不少于2 000只的蛋鸡养殖场。

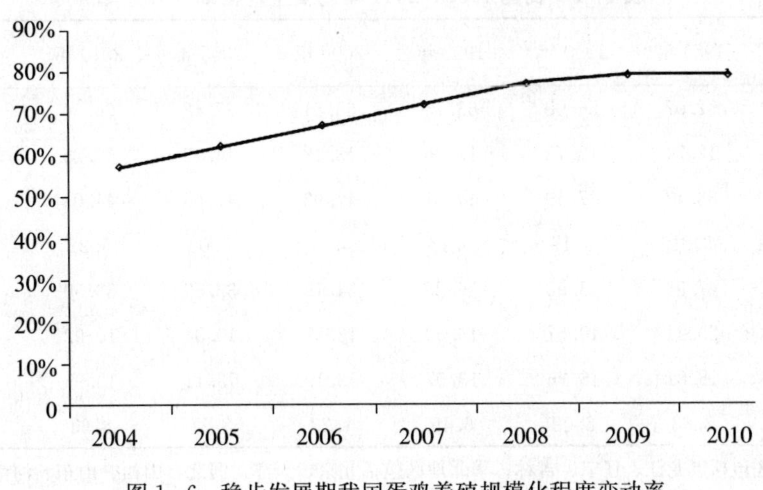

图 1-6　稳步发展期我国蛋鸡养殖规模化程度变动率

二、生产格局

我国各地区均有蛋鸡养殖，但主产区主要分布在华北、华东和东北地区等粮食主产区，目前鸡蛋产量排在前 5 位的省份是山东省、河南省、河北省、辽宁省和江苏省。近年来，我国南方产区的鸡蛋产量呈现上升趋势，但仍以北方产区为主，2011 年北方产区的鸡蛋生产总量占到我国鸡蛋总产量的 66.39%。

（一）区域角度的鸡蛋生产格局变迁

总的来看，我国鸡蛋生产的格局自 1985 年以来变化并不大。从表 1-1 中可看出，自 1985 年我国鸡蛋产量位居世界第一位以来，鸡蛋主产区一直集中在北方产区，在 2005 年前后达到了最高点，即北方产区鸡蛋产量占到全国鸡蛋总产量的 67.48%，而相对应的南方产区鸡蛋产量比例则达到了最低点。在 2005 年以后北方产区的鸡蛋产量占总产量的比例虽略有下降，但在 2011 年仍占到我国鸡蛋总产量的 66.39%，表明我国鸡蛋生产的格局目前仍是以北方为主，但南方产区鸡蛋产量占总产量的比例有逐步增加的趋势。

从具体的地区来看，由于华北地区是我国粮食主产区和平原区，适宜蛋鸡养殖，是我国蛋鸡的主产区和优势产区，2011 年华北地区鸡蛋产量占我国鸡蛋总产量 40%以上，其中山东省、河南省和河北省是我国鸡蛋生产前三位的省份。东南地区和华中地区在 2000 年前后还排在东北地区的产量之前，但在 2000 年之后东北地区逐步超过这两个地区，成为我国第二大鸡蛋生产区。西北地区和西南地区一直是我国鸡蛋的调入地区，这些地区不能满足当地的消费需求，但其中西南地区的四川省是我国新兴的鸡蛋主产省份，其对西南地区鸡蛋的供给发挥了非常重要的作用。

表 1-1　我国 1985—2011 年鸡蛋生产格局（%）

地区	1985 年	1990 年	1995 年	2000 年	2005 年	2010 年	2011 年
北方产区	52.07	56.08	63.75	65.81	67.48	66.50	66.39
东北地区	12.74	12.72	13.76	13.18	14.82	17.25	17.01
华北地区	33.42	37.19	44.81	47.92	47.66	44.03	43.98
西北地区	5.91	6.17	5.18	4.71	5.00	5.22	5.41
南方产区	47.93	43.92	36.25	34.19	32.52	33.50	33.61
东南地区	20.24	19.57	16.69	13.77	10.84	10.92	10.97
华中地区	18.81	16.26	13.07	13.19	13.11	13.95	14.04
西南地区	8.88	8.09	6.49	7.23	8.57	8.63	8.60

注：东北地区包括黑龙江、辽宁、吉林；华北地区包括北京、天津、河北、山西、山东、河南；西北地区包括山西、甘肃、青海、宁夏、新疆、西藏、内蒙古；东南地区包括上海、江苏、浙江、福建、广东；华中地区包括安徽、江西、湖北、湖南；西南地区包括广西、重庆、四川、贵州、云南、海南。

（二）主产省角度的鸡蛋生产格局变迁

从图 1-7 可以看出，我国前十位的鸡蛋主产省份在 1990 年以前的产量都比较接近，在 1990 年之后的鸡蛋产量差距逐步扩大，尤其是排在前三位的山东、河北和河南的鸡蛋产量远高于其他的省份。2011 年，这三个省份的鸡蛋产蛋之和占全国鸡蛋总产量的 40.25%，已经超过了西北地区、东南地区、华中地区、西南地区的鸡蛋产量之和。

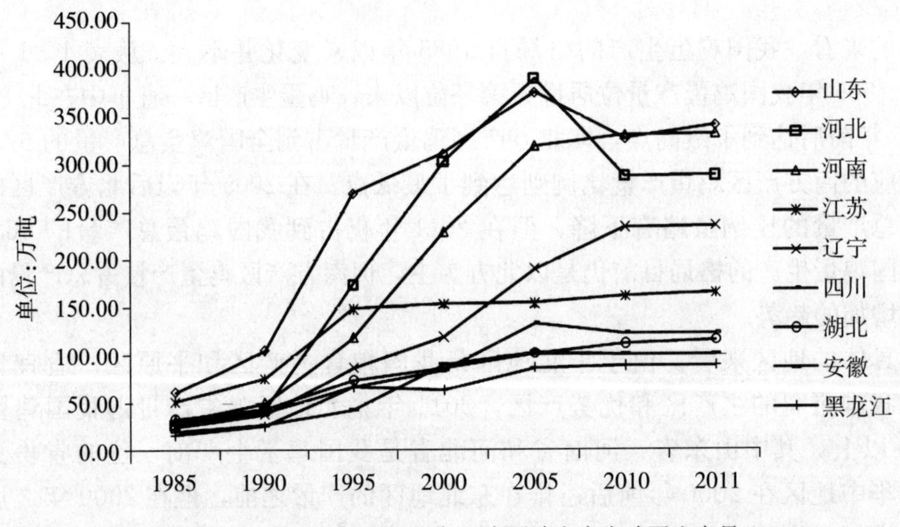

图 1-7　我国 1985—2011 年 9 个蛋鸡主产省鸡蛋生产量

从具体的主产省份的格局变化来看（表 1-2），山东省在 1985 年、1990 年、1995 年、2000 年、2011 年位于全国第 1 位，仅在 2005 年和 2010 年分别被河北和河南超过；而河南和河北一直位居前 5 位，尤其是 2000 年以后，一直位于前 3 位；

江苏在1990年以前一直位于全国第2位，在1990年之后逐渐被辽宁超过；四川、湖北、安徽、黑龙江和吉林一直比较稳定，位居第6～10位。

表1-2　我国1985—2011年蛋鸡主产省份位次

省份	1985年	1990年	1995年	2000年	2005年	2010年	2011年
山东	1	1	1	1	2	2	1
河南	4	3	4	3	3	1	2
河北	5	5	2	2	1	3	3
辽宁	7	7	5	5	4	4	4
江苏	2	2	3	4	5	5	5
四川	6	6	7	8	6	6	6
湖北	3	4	6	7	8	7	7
安徽	8	8	9	6	7	8	8
黑龙江	10	9	8	10	9	9	9
吉林	11	12	10	9	10	10	10

三、经济效益

随着新技术的应用及规模化和标准化的发展，我国蛋鸡生产的单产水平逐步提高，副产品的利用率和商品化率逐步提高，蛋鸡产业的产值逐步提高，2005—2011年平均成本收益率为110.18%（表1-3）。

表1-3　我国2004—2011年规模蛋鸡场养殖经济效益（每百只）

项目	单位	2005年	2006年	2007年	2008年	2009年	2010年	2011年
主产品产量	千克	1 582.37	1 637.60	1 650.90	1 670.40	1 686.61	1 693.13	1 719.29
产值合计	元	9 171.24	9 525.39	11 553.02	11 816.95	12 445.73	14 238.01	16 160.77
主产品产值	元	8 013.83	8 259.85	10 096.72	10 240.81	10 818.51	12 380.81	14 045.48
副产品产值	元	1 157.41	1 265.54	1 456.30	1 576.14	1 627.22	1 857.20	2 115.29
总成本	元	8 401.27	8 613.42	10 050.60	10 927.51	11 748.77	12 988.19	14 322.93
净利润	元	769.97	911.97	1 502.42	889.44	696.96	1 249.82	1 837.84
成本收益率	%	109.18	110.59	114.95	108.14	105.93	109.62	112.83

数据来源：历年《全国农产品成本收益资料汇编》。

（一）经济效益概况

1. 产品收益

随着养殖技术的进步和管理水平的提高，我国规模化蛋鸡养殖场的单产水平处于上升的趋势（表1-3），2011年每只商品代蛋鸡的鸡蛋产量达到17.19千克，单产水平比2005年提高了8.65个百分点。同时，我国蛋鸡养殖的主产品（鸡蛋）和副产品（主要为淘汰鸡等）的产值也不断提高，2011年每只鸡鸡蛋产值达到140.45元，副产品产值达到21.15元，2011年的蛋鸡主产品和副产品分别是2005年的75.27%和82.76%。

2. 生产成本

近年来，规模蛋鸡养殖场的生产成本也一直处于上升的趋势，2011年达到了143.23元/只，与2005年相比，生产成本提高了70.49个百分点。

3. 盈利水平

虽然我国的蛋鸡产值在逐步提高，但是受生产成本以及市场价格的波动影响，蛋鸡养殖场的盈利水平不稳定，在2005—2011年的净利润波动较大，且呈现出三年一个周期的变动趋势。盈利水平最低的2009年，每只鸡的净利润仅为6.97元，成本收益率仅达到105.93%；而市场行情好的2007年，每只鸡的净利润达到15.02元，成本收益率达到114.95%。

（二）不同规模养殖场的经济效益比较

不同规模蛋鸡养殖场的鸡只单产水平、产值、净利润和成本收益率均呈现上升的趋势（表1-4），但不同规模蛋鸡养殖场之间的生产经济效益存在较大差异。

表1-4　我国2005—2011年不同规模蛋鸡场经济效益（每百只）

规模	项目	单位	2005年	2010年	2011年
小规模	主产品产量	千克	1 541.60	1 692.36	1 720.94
	产值合计	元	8 818.71	13 772.49	15 803.48
	总成本	元	8 037.32	12 871.92	14 177.66
	净利润	元	781.39	900.57	1 625.82
	成本收益率	%	109.72	107.00	111.47
中规模	主产品产量	千克	1 595.30	1 685.33	1 723.19
	产值合计	元	9 301.40	14 307.21	16 285.25
	总成本	元	8 507.54	12 715.07	14 165.40
	净利润	元	793.86	1 592.14	2 119.85
	成本收益率	%	109.33	112.52	114.96
大规模	主产品产量	千克	1 610.20	1 701.69	1 713.73
	产值合计	元	9 393.61	14 634.33	16 393.60
	总成本	元	8 658.94	13 377.41	14 625.37
	净利润	元	734.67	1 256.92	1 768.23
	成本收益率	%	108.48	109.40	112.09

a. 数据来源：历年《全国农产品成本收益资料汇编》。

b. 本表中的规模划分标准依据于《全国农产品成本收益统计资料汇编》，该汇编中对蛋鸡规模养殖的分类标准分别为：小规模（300只<存栏量≤1 000只），中规模（1 000只<存栏量≤10 000只），大规模（存栏量>10 000只）。

通过对 2005 年、2010 年和 2011 年不同规模蛋鸡养殖场的经济效益比较分析来看，我国中规模蛋鸡养殖场的经济效益要略好于小型和大型蛋鸡养殖场。其中，2011 年中规模蛋鸡养殖场的净利润要比小型和大型蛋鸡养殖场分别高出 4.94 元/只和 3.52 元/只。之所以出现如此现状，主要是因为中规模的蛋鸡养殖场既有规模效益，又能非常灵活的避免生产和市场的风险，从而能够很好地追求利润的最大化。

第二节　科技发展历程及现状

随着科学技术的不断发展和国家、蛋鸡行业与科研机构不断重视科技的创新，在蛋鸡育种、疾病控制、营养与饲料、环境控制和加工技术方面取得了多项研究成果。特别是在 2009 年成立国家蛋鸡产业技术体系以来，通过各岗位科学家及其研究团队的不断努力以及各试验站的积极示范与推广，多项重要技术已经在实践中发挥了重要的作用，进一步推动了我国蛋鸡产业的健康发展。

一、育　　种

（一）发展历程

新中国成立之前，我国各地饲养的蛋鸡主要为地方品种。自新中国成立以来，我国的蛋鸡育种业大体上经历了三个阶段。

第一个阶段：20 世纪 50 年代，随着国外育种技术的应用，我国从国外引进了部分遗传性状良好的蛋鸡品种，并与本地品种杂交，形成了一些地方特色蛋鸡品种，但受制于该阶段我国蛋鸡养殖规模限制，蛋鸡品种仍以地方鸡种为主。

第二个阶段：改革开放以来，随着我国蛋鸡产业的快速发展，蛋鸡产业的市场化进程加快，鸡蛋产品的商品化率提高，选育单产水平较高、性状稳定的蛋鸡品种成为蛋鸡育种业首先要破解的难题。20 世纪 70 年代我国开始蛋鸡育种，虽然先后培育了“京白 939”“新杨蛋鸡”等品种，但我国主要以引进国外蛋鸡优良品种为主。

第三个阶段：2000 年以来，随着我国蛋鸡育种技术水平的提高，以及国家高度重视蛋鸡育种的战略问题，在引进世界优良鸡种和本地繁育商品代外，我国有关科研院所和企业加强研发力量，采用先进的育种技术，经过不懈努力，先后成功培育了“农大 3 号”“京红 1 号”“京粉 1 号”等多个能够适应我国养殖环境和满足市场需求的新蛋鸡系列品种。2003 年，由我国著名遗传育种学家、中国科学院院士、中国农业大学吴常信教授历经多年培育而成的优良蛋鸡品种“农大 3 号”通过国家新品种审定，该品种具备了“体型小、耗料低、饲料转化率高和抗病力强”等优点。“农大 3 号”的选育成功，极大地提高了蛋鸡生产的综合经济效益，填补了当时世界小型蛋鸡育种的空白，使我国蛋鸡育种处于世界领先地位。北京市华都峪口禽业有限责任公司，在农业部及北京市科学委员会、农业委员会、农业局等有关部门大力支持下，坚持传统育种技术和现代育种技术相结合，坚持国际先进育种理念与中国国情相结合，坚持企业与科研院所相结合，经过多年努力，于2009年成功培育出“京红1号”和“京粉1号”蛋鸡配套系，通过了国家畜禽遗传资源委员会的审定，获得了《畜禽新品种（配套系）证书》，“京红1号”和“京粉1号”的培育成功，揭开了我国蛋鸡育种事业新篇章，在行业内树立了典范。

2000年以来，我国不仅加快了蛋鸡育种的技术研发，而且注重商业化运作，经过多年的努力，目前也形成了一批拥有自我知识产权和商业化运作的大型蛋鸡育种企业，这些企业在市场化过程中也积累了丰富的品种推广经验，为我国新蛋鸡品种的研发和市场推广作出了重大贡献。成立于1985年的河北大午集团，一直坚持“京白939”的繁育和饲养。2006年，我国粉壳蛋鸡育种基地在河北省永年县落成，由河北华裕家禽育种有限公司投资近亿元筹建的蛋鸡良种繁育中心，其自动化孵化设备达到100余台，年产种蛋9 000万枚，供应各类别雏鸡3 000万只，成为全国粉壳蛋鸡育种基地。

（二）发展现状

20世纪初，随着人们对蛋鸡生产价值的认识逐步提高，商业化蛋鸡养殖逐步兴起，蛋鸡育种目标由注重体型外貌转向经济性状（即产蛋性能和产肉性能），这一变化促使蛋鸡育种从经验育种转入到以遗传学为基础的现代育种阶段。近年来，随着科学技术的发展，分子生物学等新技术不断应用于蛋鸡育种行业，如产蛋性能的分子遗传标记、产蛋性能主效基因的选择与定位、抗病基因的选择、细胞和分子水平的蛋鸡营养调控等技术的应用极大地提高了我国的育种水平。同时，结合信息技术，我国组织和建立了包括蛋鸡在内的家禽遗传资源信息库以及利用电子计算机进行新品种蛋鸡生产性能的测定。这些现代技术在育种工程上的积极应用，将进一步提高蛋鸡繁殖率和改良蛋鸡生产性状。

自国家蛋鸡产业技术体系于2009年成立以来，遗传育种研究室在育种方面取得了较大的进展。以2012年为例：

1. 在分子育种研究方面

开展了绿壳蛋蛋壳颜色形成的分子遗传学机理，通过分子生物学手段分析确定影响鸡蛋绿壳性状的SLCO1B3基因，并发现了影响绿壳蛋性状的基因突变。该基因是世界上首个被发现的决定蛋壳颜色的基因，同时该基因已经被应用到绿壳蛋鸡的选育工作中，这标志着我国蛋鸡分子育种工作从理论到技术应用均达到较高水平。

2. 在育种规划研究方面

经过5年的建群与选育工作，青脚矮小隐性白羽鸡新品系的外观性状已基本稳定，具备了隐性白羽基因纯合、性连锁矮小基因纯合，以及性连锁青脚基因纯合的特征；完成了鸡绿壳蛋基因的定位和克隆工作，找到了蛋壳腺组织特异表达的基因；进行了苏北小草鸡的笼养试验等。

3. 在种质资源评价与利用研究方面

制定了“苏禽绿壳蛋鸡饲养管理指南”“地方特色蛋鸡高效生态养殖技术规范”“地方特色蛋种鸡生产技术规范”等，成功培育青脚（矮小、正常）蛋鸡新品系，测定了徐海长距鸡遗传性能等。

4. 在品种选育研究方面

培育出了节粮型土种蛋鸡“豫粉1号”配套系。

5. 在完善蛋鸡育种群遗传评估平台方面

对蛋鸡网络育种平台相关遗传评估模型进行系统改进，开展了基因组富集技术研究。

6. 在选育制种技术研究方面

完成了蛋鸡育种场和种鸡标准化养殖场建设方案设计，制定相应的蛋鸡生产管理技术规范；开展了鸡舍环境控制参数的优化试验，以及蛋鸡遗传改良关键技术研究。这些研究成果，为我国蛋种鸡的培育奠定了良好基础。

在育种技术加速推进我国育种业发展的同时，为了保证蛋鸡种源安全，提升我国蛋鸡种业科技创新水平，强化企业育种的主体地位，提高蛋鸡育种能力，健全蛋鸡良种繁育体系，逐步提高我国蛋鸡生产水平，2012年农业部制定了《全国蛋鸡遗传改良计划（2012—2020年）》，该计划的总体目标设定，到2020年我国将培育8～10个具有重大应用前景的蛋鸡新品种，国产品种商品代市场占有率将超过50%。这项国家政策的支持和引导，也将在一定程度上促进育种企业积极引进人才、应用新技术、加大资金投入。

二、疾病控制

（一）发展历程

当前我国畜牧业的发展面临着重大动物疫病的严峻挑战，同时各种重大人兽共患病的流行不仅危害畜牧业发展，对我国的人民健康和社会稳定也造成了一定影响。

新中国成立之后，我国高度重视动物疫病的控制工作。特别是改革开放以来，我国加强了疫病控制的科学研究工作，加强动物疫病流行的监测，实施了多项重大项目，大幅度增加科技投入对疫病防控的关键技术进行攻关。

（二）发展现状

在“十一五”期间，我国政府各部门通过实施包括“973”计划、“863”计划、科技攻关计划、科技支撑计划及国家自然科学基金等重大项目，对重大动物疫病的研究均给予了较大投入。在国家相关科技计划支持下，在高致病性禽流感等重大动物疫病的病原学、病原遗传变异与分子进化、诊断与监测技术，以及疫苗研制与开发等基础研究与应用技术方面开展了大量研究，并取得了显著成绩和一系列成果，已具备良好的科研基础和技术储备。

自2009年国家蛋鸡产业技术体系成立以来，体系高度重视蛋鸡的疫病防控研究工作，通过近5年的工作，在我国蛋鸡疫病防控方面取得了一系列成果，为蛋鸡产业的健康发展保驾护航。以2012年为例，国家蛋鸡产业技术疾病防控研究室通过扩增新城疫病毒F基因的One-step RT-PCR检测方法，优化了反应条件；对禽流感病毒、新城疫病毒的流行株进行了分离和鉴定，并对其基因组的进化和抗原性进行了分析；构建针对Clade2.3.2.1流行分支H5亚型禽流感病毒的疫苗候选株QDC/2011和YZC3/201。在基因工程疫苗研究方面，以鸡马立克病病毒疫苗株CVI988/Rispens作为载体，构建表达传染性喉气管炎病毒主要囊膜糖蛋白基因（gB、gD和gE）、H9亚型禽流感病毒HA基因和传染性法氏囊病病毒VP2基因的重组基因工程疫苗，经Western-blot试验证明这些重组病毒能够稳定表达目的蛋白。在沙门菌等细菌病防控研究方面，对25个规模化鸡场的401份病样进行细菌分离，共分离到细菌35株、致病菌252株，致病率为70.4%，该项研究结果为四川地区沙门菌流行情况提供了基础数据，丰富了四川地区的沙门菌细菌库，为以后沙门菌的相关研究提供了丰富可靠的资源。在临床疾病监测方面，基本了解了种鸡禽白血病、禽网状内皮组织增殖症、鸡传染性贫血病（CIA）和呼肠孤病毒病的感染情况，为制订有效的防控措施奠定基础，同时在监测试剂盒研发方面取得良好进展，CIA-VP2抗体检测试剂盒已经基本完成，为更有效地进行疫病监测奠定了基础。在鸡传染性支气管炎疫苗研究方面，根据中国鸡传染性支气管炎病毒的分子流行病学结果，筛选、培育并研制成功针对我国目前鸡传染性支气管炎病毒流行血清型的具有自主知识产权的新型活疫苗（LDT3-A株），并在此基础上，将该疫苗株与新城疫La Sota疫苗株制备二联疫苗，研制新城疫和鸡传染性支气管炎二联弱毒活疫苗，该疫苗可以同时预防新城疫和传染性支气管炎病毒的感染，实用性更强、应用前景更加广泛。

三、营养与饲料

（一）发展历程

饲料是蛋鸡养殖的主要生产要素之一。

我国的饲料产业是个新兴产业，从改革开放至今，饲料产业发展历程大体分为创业起步阶段、快速发展阶段和整合提升阶段三个阶段。

1978—1984年，属于我国饲料产业创业起步阶段。我国对饲料产业的重视是从1982年开始的，标志性的事件是1982年10月，邓小平同志在同国家计划委员会负责同志谈话时指出："要搞饲料工业，这也是一个行业……"1984年5月8日，国务院第33次常务会审议并通过了《1984—2000年全国饲料工业发展纲要（试行草案）》（以下简称《纲要》），并于12月6日正式颁布，从此饲料产业建设正式纳入国民经济和社会发展序列。

1985—2000年，属于我国饲料产业快速发展阶段，特别是《1984—2000年全国饲料工业发展纲要（试行草案）》为我国饲料行业的发展奠定了基础，截至1990年，我国饲料的产量已经达到了3 194.03万吨，其中，配合饲料、浓缩饲料、预混合饲料产量分别达到了3 122.20万吨、50.82万吨、21.01万吨，饲料的品种更加丰富，满足了蛋鸡等畜禽不同生长阶段的饲料需求，1990年之后的10年是我国饲料产量增速比较快的时期，平均增速达到了8.90%，极大地满足了蛋鸡等畜禽的饲料需求，而且这一阶段全国饲料标准体系已初步建立起来，科研成果的推广、职业技能的培训都取得了显著成果。

2001年至今，属于我国饲料行业整合提升阶段，饲料产业的品种不断丰富，饲料产量逐步向高质量、高品质、高安全的方向发展，饲料产业进行了整合，饲料产业水平有了很大的提升。截至2010年底，全国各经济类型饲料企业总数达15 061家，饲料工业总产值达5 410亿元，总营业收入达5 233亿元，从总产量来看，共生产蛋禽饲料产量3 008万吨。

（二）发展现状

近年来，我国不断加强蛋鸡饲料与营养的研究，注重面向实践攻关关键技术，在饲料加工工艺和设备、饲料营养和蛋品质调控、饲料产品安全质量检测、蛋鸡健康养殖营养调控，以及添加剂研发方面取得了重要进展。

自从国家蛋鸡产业技术体系成立以来，饲料与营养研究室团队加强饲料与营养的研究与开发工作，取得了重大进展。以2012年为例，在饲料配制技术研究方面，获得一项发明专利——“一种植酸酶及其生产菌株、生产方法”，专利内容涉及由CGNMCC（No. 2980）菌株无花果曲霉NTG-23液体发酵生产植酸酶，所生产的植酸酶对动物胃肠道酸性生理环境具有良好的耐受性（最适pH 1.3），同时对饲料加工过程中的热处理具有良好耐受性（最适温度67℃），在饲料中能有效发挥其酶学功能；研发A50蛋鸡核心料，通过A50核心料可以有效控制终端饲料的内在质量，从而实现优质饲料的简便生产，可延长产蛋高峰期、增强内源抵抗力、改善鸡蛋品质。在玉米/豆粕代谢能评定技术研究方面，开发了玉米代谢能快速评定技术，通过玉米理化指标和体外酶法消失率测定值与代谢能的实测值进行数据回归分析，拟合构建了两种玉米代谢能快速评定方法；开发了豆粕代谢能和有效赖氨酸评定技术，以及石粉中钙含量的快速测定技术。同时，体系饲料与营养研究室在营养需要与饲养标准和蛋鸡低蛋白日粮、小麦型日粮研制方面取得了重要进展。

四、环境控制

（一）发展历程

我国在20世纪70年代以前，蛋鸡养殖业主要以小农户为主的传统散养方式，

80年代开始研究并仅掌握少许应用与鸡舍环境控制的微机控制技术；90年代，随着养殖产业化的发展，规模化、集约化、现代化的蛋鸡养殖企业对蛋鸡养殖环境控制设备的质量和数量要求急剧增加，虽然主要发达国家在研制自动化、标准化、配套化设备上处于领先地位，但随着我国蛋鸡养殖业的发展，我国自主研发的一些关于环境控制的设备也取得了进一步的发展和提高。

（二）发展现状

近几年来，我国的科研人员大力研究相关技术，初步实现了蛋鸡鸡舍环境的智能控制。江苏省农业科学院成功研制了“蛋鸡规模化养殖场生产管理系统”，中国农业大学与北京德青源科技有限公司研制的一套集蛋鸡舍环境因素多信息综合检测技术和远程视频图像传送控制技术为一体的蛋鸡健康养殖管理系统，对于劳动效率的提高、企业效率的增加和养殖规模的大型化具有十分重要的意义。

自2009年国家蛋鸡产业技术体系成立以来，环境控制研究室在此方面进行了大量的研究和技术的推广，为蛋鸡的养殖环境调控发挥了重要作用。以2012年为例，国家蛋鸡产业技术体系环境控制研究室在鸡舍建筑与环境控制研究方面，形成了标准化养殖蛋鸡舍建设方案；开发了新型蛋鸡栖架养殖系统，开发了GRDJ-1000和GRDJ-3000型系列微酸性电解水机，研制了新型环境参数检测设备及智能鸡笼，优化了蛋种鸡本交笼，获得了生产蛋鸡粪生防有机肥的最佳生产技术一份。在减排与养殖废弃物处理方面，提出了《中小型蛋鸡场蛋鸡粪处理规程》，并监测蛋鸡粪有机肥厂内外空气细菌，研究了蛋鸡场主要消毒药剂对蛋鸡粪处理的影响，提出了克服夏季蛋鸡舍粪便含水率高与提高清粪频率的效果的方法，研究了微生物菌剂对蛋鸡粪堆肥的影响及其机制，提出了我国蛋鸡粪的“三段式”管理方法。在健康养殖模式方面，对比分析了LED灯作为鸡舍新型光源对蛋鸡生产性能和健康的影响，进行了节能光照程序研究、探索林下养鸡技术等。这些研究的最新成果，将对我国蛋鸡养殖环境提供指导。

五、加工技术

（一）发展历程

在改革开放以前，我国鸡蛋的加工主要以传统技术为主，主要采用腌制技术生产皮蛋、咸蛋和糟蛋等。改革开放以来，随着我国蛋鸡产业的快速发展，蛋品加工科学技术也快速应用于蛋品加工业，加工技术的进步促进了我国蛋品工业发展，特别是再制蛋的加工技术有了进一步改进，朝着无铅、无泥和小包装的方向发展，同时蛋品加工业逐步使用机械化加工和新工艺。2005年以来，新型的传统蛋制品加工新技术不断应用与蛋品的加工，如制造各种蛋制品饮料，生产低胆固醇蛋、高碘蛋、高锌蛋、高铁蛋和高锗蛋等，一些新技术也逐步应用于蛋品的深加工，如对蛋内功能活性成分的提取免疫球蛋白、卵磷脂、溶菌酶等。

（二）发展现状

近年来，我国的蛋品加工技术不断成熟，同时也加快了鸡蛋废弃物的利用研究。以2012年国家蛋鸡产业技术体系加工与检测研究室为例，在禽蛋清洁除菌技术研究、中试取得良好进展，中试产品开始在全国多家单位试用；鸡蛋涂膜保鲜技术及涂膜保鲜剂研发中试完成，已经在全国多个省市开始试用，蛋壳膜综合利用及产品研发取得突破性进展。同时，对溶菌酶提取技术、蛋清寡肽制备技术、蛋黄卵磷脂的高效提取技术、蛋黄油高效提取技术和蛋壳粉制备技术进行了积极研发，并取得了重要成果。

在我国蛋品加工技术取得进展的同时，我国也加强了蛋品质的检测技术研究和应用。2012年，国家蛋鸡产业技术体系加工与检测研究室通过反复试验，对鸡蛋和蛋品中肠炎沙门菌病原快速检测技术进行了完善，开展了不同温度下肠炎沙门菌（SE）在鸡蛋清和蛋黄中的生存特点研究工作，开展了鸡舍生产过程中可能造成沙门菌污染环节的检测工作。同时，用超声波方法研究了蛋壳厚度由钝端到锐端的变化趋势，进行了蛋壳厚度无损检测设备研发。

第三节　流通发展历程及现状

流通环节是联系生产、加工和消费的关键环节。目前，我国鸡蛋的产区与销区逐步分离，形成了鸡蛋“大流通”格局及“北蛋南运”的现状。为了满足全国各地的鸡蛋需求，流通显得更为重要。

一、发展历程

在我国，鸡蛋主要以鲜食为主，加工数量占鸡蛋总产量的比例不超过1%，所以鸡蛋的流通主要是新鲜鸡蛋的流通。

改革开放以后，我国新鲜鸡蛋的流通经历了价格调整、“三多一少”流通格局形成、市场调节开始与价格管制复归，以及价格管制解除与市场调节最终确立四个主要的发展阶段。

（一）价格调整阶段（1978—1984年）

1979年，根据中央统一布置，在保证生产者、销售者和消费者诸方利益的前提下，全国先后有计划地大幅度提高了包括鸡蛋在内的农产品收购价格和销售价。这一时期，鸡蛋收购价格大幅度提高，并安排了鲜蛋的季节差价，为下一步深化鸡蛋价格改革进行了必要准备。但鸡蛋购销体制仍是由国家单一渠道控制的统购统销模式，价格上的调整并未改变国家的购销体制。

（二）“三多一少”流通格局形成阶段（1985—1991年）

1985年，全国各地有条件地放开了肉、蛋、禽、菜及水产品等主要副食品价格，在包括鸡蛋在内的畜禽产品购销政策上采取了“放”（放开搞活）、“保”（保价收购）、“限”（限价销售）、“订”（合同订购）几项措施。随着价格改革的深化和企业经营机制改革的开始，各地改变了过去鸡蛋经营上的固定进货渠道、固定销售对象、固定倒扣作价的“三固定”形式和分层次、多环节、大流转的批发经营模式，逐渐形成多经济形式、多流通渠道、多经营方式和少流通环节（即“三多一少”）的鸡蛋流通格局。这一阶段国有副食商店仍是鸡蛋经营的主渠道，发挥着较大的调控作用。

（三）市场调节开始与价格管制复归阶段（1991—1995年）

1991年后，我国把鸡蛋和饲料的收购、销售价格全面放开，仅安排了鸡蛋销售参考价格，这标志着整个鸡蛋购销体制由计划调节向市场调节转变。在价格放开初期，因为鸡蛋货源充足，运作模式比较简单清晰，市场销售价格呈下降趋势。但在这一阶段的末期，在保护人民群众基本生活必需品价格稳定的前提下，政府又重新制订实施了国有副食商店鸡蛋销售价格的最高限价，并强制执行，同时配合以对鸡蛋实施部分统一收购和部分统一销售的措施，计划经济体制部分复归。

（四）价格管制解除与市场调节最终确立阶段（1995年至今）

这一阶段政府解除了对鸡蛋价格的管制，市场重新成为调节主体，并最终成为调节鸡蛋生产和销售的主角。市场调节机制的最终确立基于人民群众心理承受能力的相对提高和政府在鸡蛋价格问题上的观念转变。

目前，在市场化、多形式和多渠道的流通体制下，我国鸡蛋的销售已经从“卖方市场”转为“买方市场”。随着育种水平、养殖技术、养殖量的提高，我国蛋鸡养殖逐步向优势主产区集中，因此已形成了鸡蛋流通的“大流通、大市场”的流通格局，在农产品供应大流通的格局下，一个地方的鸡蛋供应出现短缺，就会拉动周边地区价格上涨，短缺的程度越大，拉动价格上涨的范围也越大。

二、流通模式

流通环节处于鸡蛋产销链条的中间位置，是保障鸡蛋分配的重要环节。流通主体主要包括鸡蛋生产企业、物流商、中间商等，若该环节缺失，将造成鸡蛋销售困难、消费者买不到鸡蛋的情况。也就是说，鸡蛋能否从产品转变为商品，最为关键的就是流通环节，流通环节在一定程度上实现了鸡蛋的价值增值，进一步延伸了蛋鸡产业的经济链条。因此，鸡蛋产业的发展离不开流通环节，该环节在鸡蛋产业链中占有非常重要的地位。

(一) 流通模式

鸡蛋作为我国居民日常生活中一件非常重要的食品，在全国各地都有巨大的需求量，由于我国鸡蛋的主产区主要集中在不同的优势区域，即使在同一区域也有不同的生产模式。我国鸡蛋产品形成了从集中的产地到分散的消费市场的“大流通、大市场”流通格局，从而适应不同的产地及消费市场。

在我国鸡蛋产业的流通体系中，也形成了不同的流通模式。国家蛋鸡产业技术体系近年来为详细了解我国鸡蛋的流通模式，把握鸡蛋流通中存在的问题，先后在河北、四川、山东、湖北和安徽等地，对我国鸡蛋流通进行了实地调研。通过大量的座谈、观察和访问，总结出目前我国鸡蛋的五种主要流通模式。

模式一：养殖场（户）→消费者

养殖场（户）自产自销、就近销售，养殖场（户）直接将鸡蛋运到乡镇或县城，直接面对消费者，以市场零售价格销售鸡蛋（图 1-8）。这种模式是养殖场（户）直接与市场衔接，但由于市场的不确定因素较多，使得销售稳定性较差，风险较大，运输成本、交易成本较高。

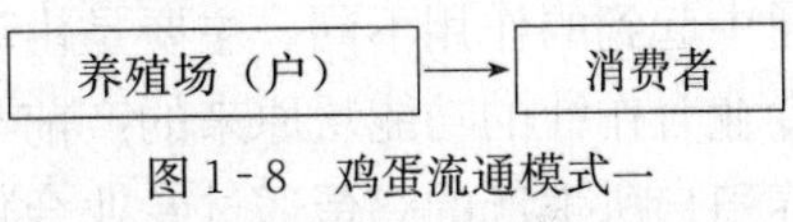

图 1-8　鸡蛋流通模式一

除了蛋鸡养殖户就近销售之外，周边居民也可直接到养殖场购买鸡蛋，直接省却了鸡蛋的流通环节。此外，目前也出现了一种新型的鸡蛋销售模式，一些养殖场（户）建立网上专卖店，通过提供产地信息、图片介绍甚至是视频资料等方式对生产的鸡蛋进行宣传，以网购的形式直接向消费者出售鸡蛋。

模式二：养殖场（户）→中间商→销地批发市场→零售商→消费者

在此流通模式下，养殖场（户）将鸡蛋出售给中间商，而后由中间商贩运、运输到销地批发市场，通过批发市场出售给零售商并最终到达消费者手中（图 1-9）。

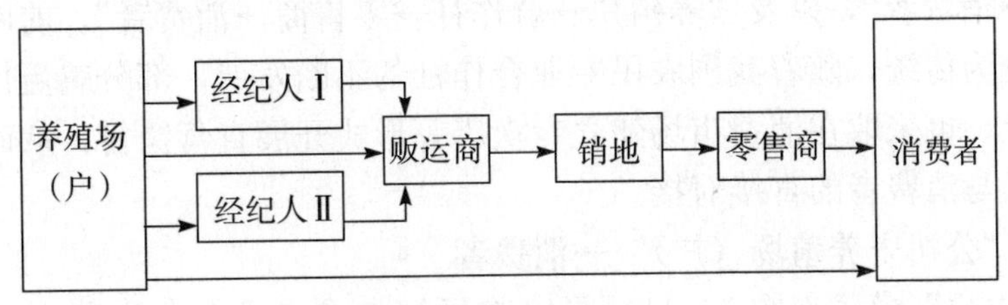

图 1-9　鸡蛋流通模式二

这种流通模式中，养殖场（户）主要与中间商进行交易，中间商承担了主要的分级、包装和运输工作。其中，中间商主要有两种：一种是只负责产地收购的经纪人，一种是负责贩运的贩运商。经纪人一般在养殖场采购鸡蛋或在产地的专业批发市场采购鸡蛋，由于我国的鸡蛋专业批发市场相对较少，因此经纪人采购养殖户的鸡蛋的主要方式是在养殖场就地采购。由于中间商存在两种类型，因而此流通模式又可细分为“养殖户→经纪人→贩运商→销地批发市场→零售商→消费者”和“养殖户→贩运商

→销地批发市场→零售商→消费者”两种具体的模式。

这种模式下鸡蛋的生产主体处于较为松散的状态，规模普遍不大，生产条件和生产技术都较为落后，鸡蛋质量不高且产品标准化程度低，鸡蛋价格由经纪人决定，养殖户在价格谈判中的话语权很小。这种模式包含较多的交易环节，使得交易成本较高。但是作为我国传统的流通模式，这一模式不涉及较多的技术要求，因此所需投入的成本不高。同时，在整个流通过程中，没有对鸡蛋进行清洗消毒等环节，又缺乏有效的检验检疫，加之鸡蛋一般没有品牌，难以进行辨别和追踪，造成鸡蛋的质量安全存在着较大风险。

模式三：养殖场（户）→合作社→中间环节→消费者

与上一种流通模式不同，这种流通模式主要是养殖场（户）参加了蛋鸡专业合作社，在收集鸡蛋之后，交由专业合作社进行销售（图1-10）。不同的专业合作社在流通中起到的作用不同，主要是由该合作社的功能定位决定的。在一些优势鸡蛋产区，专业合作社的功能从原来的产前与产中指导，逐步将其功能扩展到鸡蛋的销售，从而养殖户所生产的鸡蛋通过专业合作社进入了流通渠道。

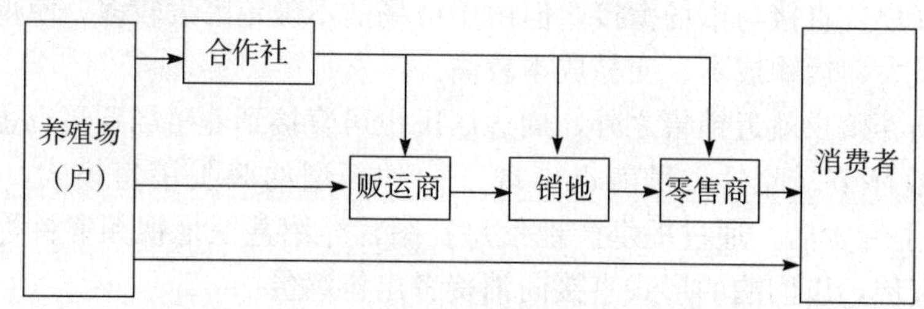

图1-10　鸡蛋流通模式三

在此模式中，根据合作社销售鸡蛋的渠道，又可具体划分为三种，即“养殖户→合作社→贩运商→销地批发市场→零售商→消费者”“养殖户→合作社→销地批发市场→零售商→消费者”，以及“养殖户→合作社→零售商→消费者”。前两种具体的流通模式仍然较为传统，随着我国农民专业合作社的不断发展，部分鸡蛋优势产区的农民专业合作社，也采取在消费市场建立专卖店等形式开展直营销售，从而缩短了中间环节，实现了与消费者的直接对接。

模式四：“公司＋养殖场（户）”→消费者

“公司＋农户”模式（图1-11）是以鸡蛋加工或流通企业为龙头，通过合同契约、股份合作制等多种利益联结机制，与养殖场（户）建立稳定的购销关系，将鸡蛋的生产、加工、销售有机结合起来，实施一体化经营，以提高经济效益。

这种模式产生的主要原因在于公司与养殖场（户）对共同利益的追求，在与养殖场（户）的合同中通常需要规定饲料、防疫、养殖方式等操作规范，保证了蛋源在质量和数量方面的稳定性；在这一模式下，销售的鸡蛋大部分都是品牌鸡蛋，经过企业对蛋品的加工，使蛋品附加值明显增加，提高了产品的销售价格和利润空间。

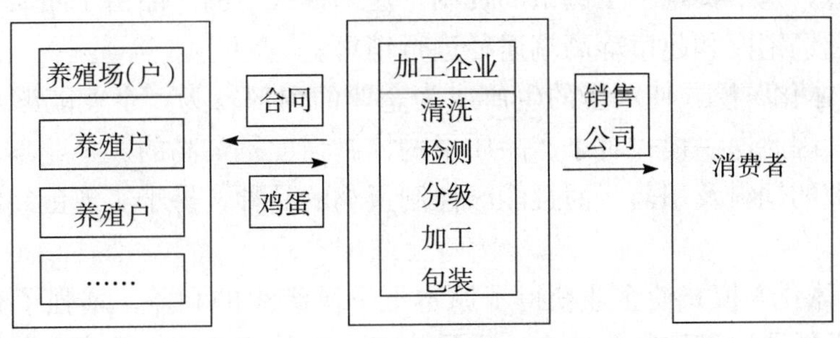

图 1-11　鸡蛋流通模式四

"公司＋养殖场（户）"模式较大地提高了产品的质量，但是企业需要付出较高的监督和维护成本。养殖场（户）与公司的利益并不完全一致，因此企业不得不时常监督养殖场（户）的养殖活动；为了保证原料供给的稳定，公司必须采取措施，稳住养殖场（户），例如采取保护价收购、开展培训等。另外，由于国内的蛋品加工设备工艺水平较低，故而企业一般采用国外进口设备，较高的购置费用和维护费用造成了较高的进入门槛和运行成本。

"公司＋养殖场（户）"模式由于交易环节较少，从而降低了交易费用和物流周转费用。另外，此模式下市场信息的传递效率较高，供求信息更易掌控，有利于减少养殖和生产风险。蛋品通过公司的加工活动，显著地提高了附加值，结合企业的"保护价收购"政策，有助于实现农民增收。农户与企业间通过合同建立起的合作关系具有相对稳定性，但是农户和养殖场由于规模的限制，其议价能力较差，容易在价格谈判中处于劣势地位。

模式五："产销一体化"→消费者

"产销一体化"模式下（图 1-12），饲料生产、蛋鸡养殖、蛋品加工及产品分销的所有环节都由企业独立完成，是一种企业进行纵向一体化延伸的结果。

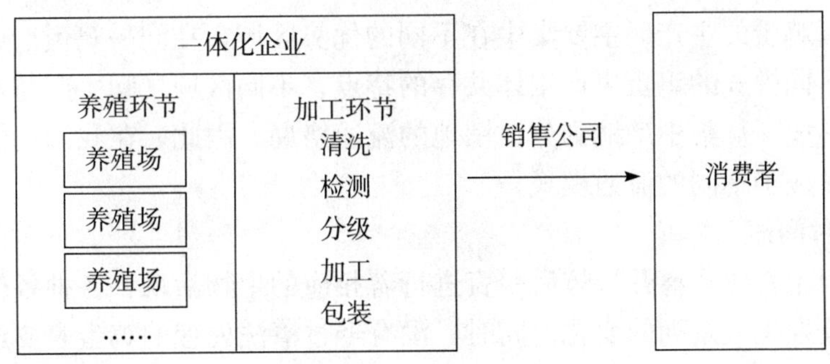

图 1-12　鸡蛋流通模式五

现今采用"产销一体化"模式的蛋品加工企业较少，代表性的企业有德青源、圣迪乐、咯咯哒等企业，这些公司的业务大都囊括雏鸡培育、饲料生产、蛋鸡养殖及产品分销等环节，基本实现了全链条的控制。这一模式下的产品由于品质优异，一般价格较高，通过经销商和超市等高端途径进行销售。

“产销一体化”模式使鸡蛋的生产成为企业的内部行为，企业能够从源头开始控制产品质量，因此这一模式对于产品质量的控制强度是最高的。企业不仅可以控制蛋鸡饲养过程中的饲料及用药，而且能够控制蛋鸡的品种，易于实现蛋品的标准化和产品差异化。

“产销一体化”模式使企业获得了原本上下游组织的利益，增强了企业的盈利能力；同时，降低了协调控制的成本、交易成本，以及信息搜集的成本。但是，这一模式下养殖环节的投资巨大，养殖规模受到资本限制难以快速扩大，致使其单位蛋品的生产成本居高不下。

纵向一体化使企业能够很好地保证原料的供给和降低价格波动风险。但是，较长的产业链造成企业生产灵活性较差，不能对市场需求的变化做出及时反应和调整，因此具有较大的经营风险。

（二）流通特点

我国鸡蛋流通在产销链中是最为关键的一个环节，就目前来看，存在上述五种主要的鸡蛋流通模式，总结来看，具有以下三个方面的特点。

1. 北蛋南运，流通量大

我国鸡蛋物流流向较为明晰，可以简单概括为从产量较大的华北、东北等地区流向东南、华南地区，以及北京、天津、上海等大城市。根据国家统计局数据测算，鸡蛋流出量较大的省份包括辽宁（约164万吨）、河北（约157万吨）、山东（约151万吨）、河南（约60万吨）等。供需缺口最大的是广东，每年流入量约为106万吨，其次为云南（约42万吨）、广西（约41万吨）、浙江（约36万吨）、福建（约35万吨）等地，其他绝大部分省份总体上处于供求平衡状态。

2. 鸡蛋流通模式多元化

由于我国鸡蛋的主产区主要集中在不同的优势区域，在同一鸡蛋产区，仍然存在不同规模、不同模式的鸡蛋生产主体共存的特点；不同区域之间生产与消费差异情况不一，因此形成了从集中产地到分散销地的流通格局。因此，在我国鸡蛋产业的流通体系中，也形成了不同的流通模式。

3. 流通时间短

鸡蛋作为生物体，离开母体后一直进行着相应的生物活动，各种各样的活动使得鸡蛋内部成分发生一系列的变化。同时，没有经过清洗处理的鸡蛋表皮经常会沾有鸡粪、鸡毛、鸡饲料等废弃物，这些物质也会发生化学变化。为了保证鸡蛋的新鲜程度，让消费者吃到更健康营养的产品，鸡蛋在流通中经过的时间不宜太长，并要尽量减少装卸搬运次数。从体系调研的情况来看，目前一般在蛋鸡产蛋后，鸡蛋从收购到零售，大体上需要2天的流通时间。

第四节　消费发展历程及现状

一、发展历程

如图 1-13 所示，自 1961 年以来，我国鸡蛋消费发生了巨大的变化。以改革开放为界限，则可以将其大致分为两个发展时期。

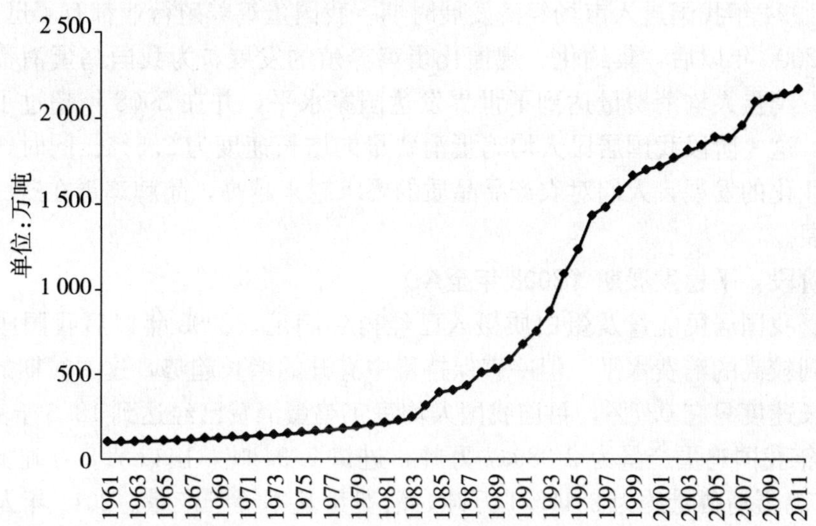

图 1-13　1961—2011 年中国鸡蛋消费量估计

数据来源：联合国粮食与农业组织（FAO）。

注：本表消费数据为在 FAO 产量数据水平上扣除了约 10%的出口和损耗。

（一）改革开放以前

在改革开放以前，我国鸡蛋消费量增长非常缓慢，1961 年消费量约为 109.0 万吨，并且在 1978 年也只有 188.2 万吨，17 年间增长了约 79.2 万吨，年均增长 4.7 万吨。在这一发展阶段，鸡蛋不是我国居民日常生活的必需品，主要是因为鸡蛋的供给比较少，使得鸡蛋的消费量也少，鸡蛋价格相对较高，居民对于鸡蛋的购买力较低。

（二）改革开放以后

改革开放以后，我国经济发展水平有了很大的提高，我国农业生产力也有了较大的发展。人们收入提高以后对生活品质也有了更高的要求，对食品的健康和营养越来越关注。从食物消费结构看，人们对谷物的消费比重在下降，对动物性蛋白的消费比重在上升。由于蛋品的自然安全性高，又属于低脂类产品，而且与其他畜禽产品相比，价格比较低，使得蛋类消费量及消费比重普遍持续上升。总的来看，改革开放以后，我国居民鸡蛋消费量经历了三个发展阶段。

第一阶段：快速发展期（1983—1996年）

这一时期我国的农产品市场逐步形成，同时在各地政府“菜篮子”工程政策的影响下，居民对鸡蛋的购买量上升较快。虽然1983年初我国人均占有量仅为4.87千克，但自1985年以后我国蛋鸡产业发展迅速，这一阶段我国居民人均鸡蛋消费量的增长速度为12.8%。

第二阶段：增速放缓期（1997—2008年）

随着1994年我国进入市场经济发展时期，我国蛋鸡养殖行业都有了迅速的发展，特别是在2000年以后，集约化、规模化蛋鸡养殖的发展，为我国鸡蛋消费的增长奠定了基础。鸡蛋人均消费量达到了世界发达国家水平，并在2008年超过了美国，仅次于日本。这一阶段我国居民人均鸡蛋消费量的增长速度为2.5%。同时，随着我国农产品产业化的发展，人们对农产品品质的要求越来越高，品牌鸡蛋在这一时期有了较大的发展。

第三阶段：平稳发展期（2008年至今）

目前，我国居民能量及蛋白质摄入已经得到满足，2008年以后我国居民鸡蛋消费已经达到较高的消费水平，但一直保持稳中有升的增长趋势，这一时期的人均鸡蛋占有量增长速度只有0.7%，目前我国人均每年鸡蛋消费已经达到18.5千克。

2011年我国鸡蛋产量为2 389.7万吨，进口7.94吨，出口7.8万吨。据此，我国2011年鸡蛋消费量约为2 407.1万吨，消费量基本等于产量。2011年人均占有量为18.5千克，仅次于日本19.4千克，居世界第2，约为全球平均9.3千克的2倍。若除去鸡蛋流通损耗10%左右，实际人均消费约为16.7千克。

二、城乡居民鸡蛋消费

从城乡消费角度看，我国鸡蛋消费呈现出城市大于农村的状态。根据2011年《中国农业统计年鉴》数据统计，2010年我国城乡禽蛋实际消费量分别为1 950万吨和876万吨，城镇消费比重占69%，农村消费比重占31%。若换算为人均消费，按鸡蛋产量占禽蛋的85%计算，2010年城乡人均实际消费鸡蛋分别为24.7千克和11.1千克。相比之下，城镇人均鸡蛋消费量已处于全球第一水平，农村鸡蛋消费量也超过全球平均水平，相比城镇仍有增长潜力，但未来增速将放缓。

（一）我国城镇鸡蛋消费

1. 总体消费概况

1990年我国城镇居民的户内鸡蛋消费量还较低，只有7.25千克/（人·年），但是在20世纪90年代我国鸡蛋消费量增速较快，1995年城镇居民的户内鸡蛋消费量达到9.74千克/（人·年），2000年达到11.21千克/（人·年）。从2000年以后的每年人均户内鸡蛋消费历史走势来看（图 1-14），进入 21 世纪以后，城镇居民每年人均户内鸡蛋消费量呈波动中下降的趋势，在 2011 年户内消费已经下降到 10.12 千克/（人·年），比 2000 年减少 1.09 千克/（人·年），下降幅度约为 9.7%。城市的消费走势和美国 20 世纪 70 年代之后的消费走势非常相似，城市的人均鸡蛋消费量随人民生活水平的提高出现停滞。

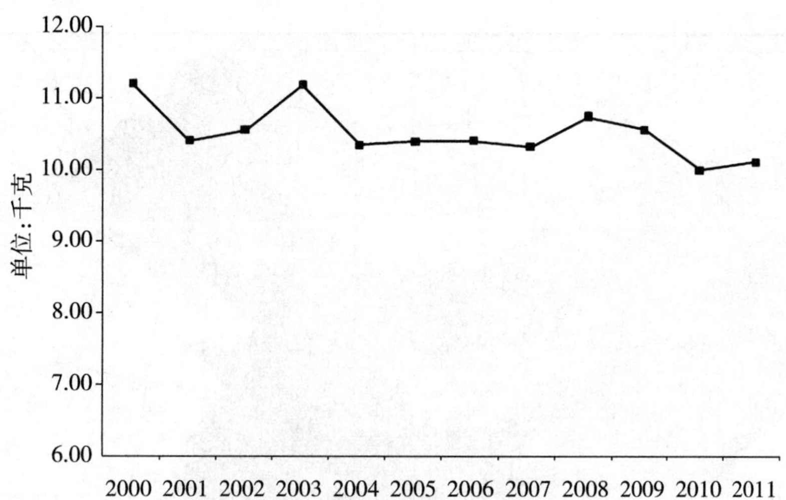

图 1-14　2000—2011 年城镇居民家庭人均全年购买蛋类数量

数据来源：《中国统计年鉴》。

2. 区域消费概况

从区域来看，我国城镇居民家庭鲜蛋消费量呈现出东部大于西部、北方大于南方的现状（表 1-5）。在 2011 年东北地区城镇居民人均鲜蛋购买量最高，达到 11.57 千克，分别比东部、中部和西部地区高 7.03%、10.72%和 51.84%。与全国整体情况一样，各地区城镇居民人均鲜蛋购买量都呈下降趋势，与 2005 年相比，2011 年东北部地区下降 11.61%，东部地区下降 3.65%，西部地区下降 5.10%，中部地区 2011 年城镇居民人均鲜蛋购买量虽然与 2005 年相比有所上升，但是与最高峰时的 2008 年相比，2011 年购买量下降幅度为 4.30%。

表 1-5　不同地区每人全年购买的鲜蛋数量（千克）

地区	2005 年	2006 年	2007 年	2008 年	2009 年	2010 年	2011 年
东北地区	13.09	13.56	13.53	14.61	14.23	11.66	11.57
东部地区	11.22	11.04	10.91	10.92	10.88	10.55	10.81
中部地区	10.18	10.43	10.29	10.92	10.66	10.31	10.45
西部地区	8.03	7.77	7.65	8.09	8.02	7.68	7.62

数据来源：《中国统计年鉴》。

图 1-15 更加直观地反映了 2011 年我国不同区域城镇家庭人均蛋类购买支出的分布情况。与购买量相同，家庭人均蛋类支出金额同样呈东部地区高于西部地区、北部地区高于南部地区的现象。其中，天津、山东、安徽人均蛋类购买支出都超过了 150 元，浙江、河南、河北、辽宁和福建人均购买支出超过了 120 元。

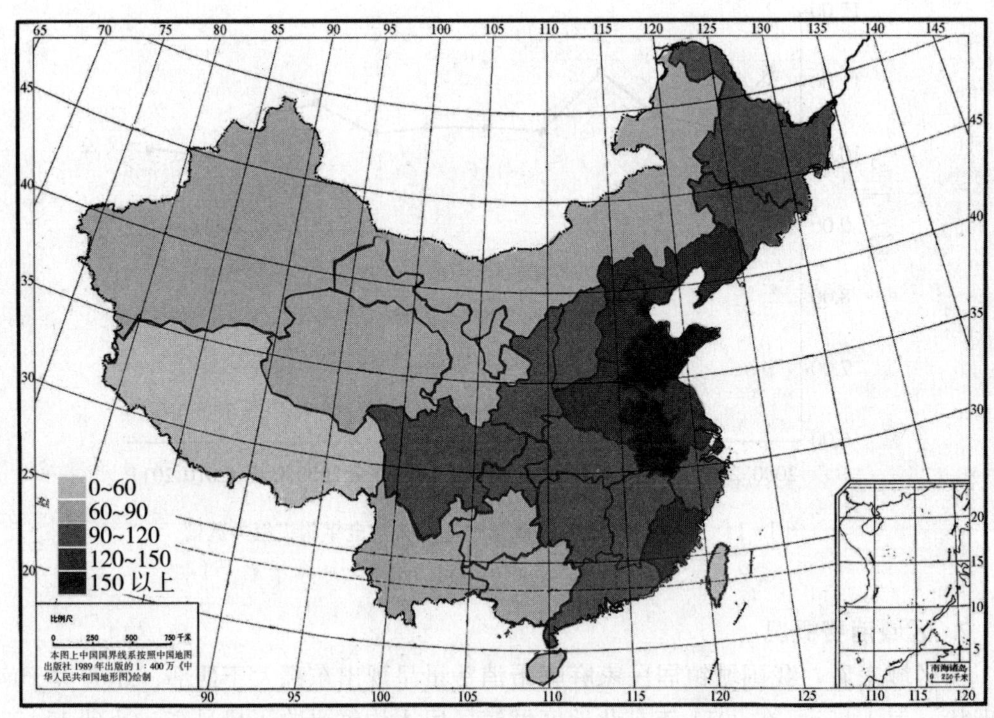

图 1-15　2011 年各地区城镇居民家庭平均每人蛋类消费支出（元）

数据来源：《中国统计年鉴》。

从表 1-6 可以看出，目前我国城镇居民家庭平均每人每年蛋类消费支出为 116.65 元。除了 2006 年出现下降以外，2005 年以来城镇居民每年人均鸡蛋消费支出呈上升趋势，2011 年比 2010 年上涨 18.63 元，涨幅为 19.01%。从各省的情况看，每年人均鸡蛋消费支出最大省份是天津，2011 年达到 195.9 元，超过全国平均水平 67.9%，也比第 2、3 位的安徽和山东高 27.37%和 28.38%。人均鸡蛋消费支出最少的是西藏，只有全国平均水平的 41.72%。海南省的人均鸡蛋消费支出也只有全国平均水平的一半。从增长速度来看，2005 年以来全国平均年增长速度为 7.25%，其中，增长最快的 5 个省（直辖市）为广东（9.51%）、湖北（9.48%）、上海（9.47%）、浙江（9.28%）和江西（9.09%），增长速度最慢的 5 个省（自治区）为西藏（−2.71%）、云南（1.36%）、贵州（4.74%）、辽宁（4.85%）和河北（5.01%）。

表 1-6　2005—2011 年各地区城镇居民家庭平均每人每年蛋类消费支出（元）

地 区	2005 年	2006 年	2007 年	2008 年	2009 年	2010 年	2011 年
全 国	71.48	67.60	83.83	91.68	92.78	98.02	116.65
安 徽	99.61	96.21	105.52	125.32	121.22	125.39	153.78
北 京	82.42	77.01	99.47	104.12	106.47	120.22	146.78
福 建	80.78	76.01	92.12	99.30	105.63	112.40	125.83
甘 肃	56.95	48.78	60.53	62.16	62.07	70.19	85.68
广 东	55.33	51.95	65.41	76.12	77.05	83.75	104.49
广 西	50.93	46.68	60.94	65.22	62.10	69.24	81.07
贵 州	54.49	52.25	61.46	63.81	64.84	65.76	75.36
海 南	35.10	35.57	38.14	45.25	42.45	51.22	58.42
河 北	89.81	83.57	104.65	110.75	109.09	103.51	126.47
河 南	76.06	71.76	98.56	96.05	96.47	110.61	134.03
黑龙江	60.57	58.10	74.22	86.54	85.37	94.90	109.62
湖 北	58.95	59.88	78.73	91.41	87.93	96.35	111.11
湖 南	54.52	53.68	59.39	68.78	71.93	75.51	92.10
吉 林	65.43	59.91	75.66	83.56	103.15	89.84	93.62
江 苏	74.84	72.77	85.50	93.98	94.77	106.86	123.90
江 西	56.72	54.76	72.54	77.53	79.25	89.11	104.28
辽 宁	93.81	89.04	110.58	120.53	121.67	104.74	130.71
内蒙古	51.16	45.49	55.87	62.41	60.55	66.43	82.42
宁 夏	42.66	40.09	52.88	54.25	53.02	56.92	65.62
青 海	47.41	42.51	56.59	65.58	64.28	66.87	82.70
山 东	95.54	89.87	119.48	123.40	123.06	132.17	152.57
山 西	75.18	71.02	94.46	97.40	94.30	89.86	106.52
陕 西	59.35	52.66	68.58	70.67	72.60	79.56	96.75
上 海	76.69	72.48	89.05	99.19	105.99	117.29	144.47
四 川	68.98	63.93	78.93	90.46	93.79	93.47	113.44
天 津	115.45	96.02	122.70	133.23	139.01	158.77	195.87
西 藏	58.99	38.38	48.92	45.63	47.85	53.89	48.67
新 疆	48.55	43.50	51.73	59.63	58.90	68.38	85.84
云 南	61.32	60.32	67.14	78.26	76.73	72.53	67.41
浙 江	56.65	54.75	65.97	73.91	74.58	85.88	105.45
重 庆	73.37	73.73	85.78	94.42	97.25	101.66	117.26

数据来源：《中国统计年鉴》。

3. 不同收入水平的消费概况

按收入等级区分城镇居民家庭平均每人全年户内蛋类消费支出、购买量、平均价格及占食品总支出所占比例的情况见表1-7。

表1-7　按收入等级区分城镇居民家庭平均每人全年户内蛋类消费支出

	指标	单位	2005年	2006年	2007年	2008年	2009年	2010年	2011年
最低收入户（10%）	蛋类支出	元	51.69	49.46	58.53	64.63	66.06	68.04	80.98
	购买量	千克	8.01	8.22	7.62	8.23	8.20	7.58	7.54
	平均价格	元/千克	6.45	6.02	7.68	7.85	8.06	8.98	10.74
	占食品支出	%	3.5	3.12	3.07	2.96	2.88	2.69	2.75
较低收入户（10%）	蛋类支出	元	63.79	57.94	70.24	78.00	79.22	80.53	94.22
	购买量	千克	9.75	9.46	8.95	9.58	9.52	8.66	8.59
	平均价格	元/千克	6.54	6.12	7.85	8.14	8.32	9.30	10.97
	占食品支出	%	3.31	2.79	2.87	2.74	2.63	2.48	2.54
中等偏下户（20%）	蛋类支出	元	68.85	65.58	78.65	85.96	86.34	91.21	110.22
	购买量	千克	10.38	10.4	9.99	10.33	10.11	9.60	9.90
	平均价格	元/千克	6.63	6.31	7.87	8.32	8.54	9.50	11.13
	占食品支出	%	2.95	2.64	2.67	2.51	2.37	2.31	2.43
中等收入户（20%）	蛋类支出	元	74.15	70.6	88.16	95.93	97.09	102.38	121.22
	购买量	千克	10.89	10.91	10.96	11.37	11.19	10.59	10.69
	平均价格	元/千克	6.81	6.47	8.04	8.44	8.68	9.67	11.34
	占食品支出	%	2.61	2.34	2.49	2.29	2.2	2.14	2.22
中等偏上户（20%）	蛋类支出	元	78.21	74.19	94.75	102.51	103.87	111.87	133.54
	购买量	千克	11.07	11.18	11.48	11.76	11.57	11.18	11.34
	平均价格	元/千克	7.07	6.64	8.25	8.72	8.98	10.01	11.78
	占食品支出	%	2.28	2.03	2.24	2.03	1.94	1.96	2.05
较高收入户（10%）	蛋类支出	元	84.39	78.66	97.76	108.37	109.96	117.74	139.47
	购买量	千克	11.62	11.49	11.58	12.02	11.8	11.24	11.44
	平均价格	元/千克	7.26	6.85	8.44	9.02	9.32	10.48	12.19
	占食品支出	%	2.03	1.79	1.93	1.78	1.73	1.74	1.79
最高收入户（10%）	蛋类支出	元	79.86	76.05	98.86	111.23	114.09	121.8	143.17
	购买量	千克	10.48	10.48	11.24	11.71	11.64	11.09	11.01
	平均价格	元/千克	7.62	7.26	8.80	9.50	9.80	10.98	13.00
	占食品支出	%	1.49	1.32	1.54	1.41	1.4	1.43	1.48

数据来源：《中国统计年鉴》。

从表1-7中可以看出，按收入水平来看，蛋类购买数量与家庭收入水平呈正向关系，收入越高购买的蛋类数量越多，在2011年最低收入组家庭人均购买的蛋类数量为7.54千克/年，较高收入组家庭人均购买的蛋类数量达到11.44千克/年，比最低收入组高3.9千克/年，约51.72%。从购买蛋类的平均单价来看，也呈现出随着家庭收入的增加，所购买蛋类平均价格也增加的现象，2011年最高收入组家庭购买蛋类平均价格比最低收入家庭高2.26元/千克，高21.04%，说明随着收入的增加，居民对生活品质和食品质量的要求提高，愿意用更高的支出来购买品质更高的蛋类产品，如柴鸡蛋、品牌鸡蛋等。

各收入水平的居民分组蛋类购买量中，除了最高收入组和中等偏上收入组在过去6年中蛋类购买量分别增加0.53千克/（人·年）和0.27千克/（人·年），其余各组都呈下降趋势。总体上，收入低的家庭收入比相对高的家庭下降幅度更大，下降最多的是较低收入组，下降数量为1.16千克/（人·年），降幅为11.90%。

（二）我国农村鸡蛋消费

1. 总体消费概况

我国农村地区人均蛋及蛋制品的消费量远小于同期城市居民的人均消费量，即使是农村人均消费量最高的2011年（5.40千克/年），也只有同期城市居民10.12千克/年的53.36%。但与1990年的2.41千克/年和1995年的3.22千克/年相比，我国农村地区人均蛋及蛋制品的消费量在20世纪90年代处于较快发展阶段，进入2000年以后，农村地区居民蛋及蛋制品的消费量虽然与城市居民相比还有一定差距，但是总体上始终保持上升的势头（图1-16）。

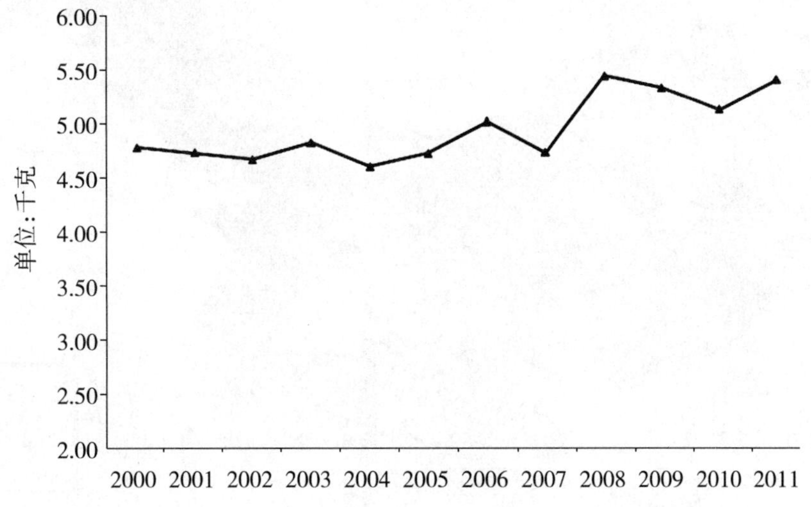

图1-16　2000—2011年农村居民家庭平均每人蛋及蛋制品消费量

数据来源：《中国统计年鉴》。

2. 区域消费概况

从区域来看，与城市居民鲜蛋消费的分布相同，我国农村居民家庭平均每人蛋及蛋制品消费量在整体上也呈现出东部大于西部、北部大于南部的情况。2011 年，东北地区农村居民家庭人均蛋及蛋制品消费量最高，达到 7.61 千克/年，分别比东部、中部和西部地区高 7.63%、27.05%和 143.91%（表 1-8）。

表 1-8　不同地区农村居民家庭人均蛋及蛋制品消费量（千克/年）

地区	2005 年	2006 年	2007 年	2008 年	2009 年	2010 年	2011 年
东北地区	7.44	7.63	7.17	8.80	8.13	7.26	7.61
东部地区	6.05	6.39	6.03	6.92	6.72	6.63	7.07
中部地区	5.16	5.58	5.28	6.03	6.05	5.65	5.99
西部地区	2.57	2.76	2.59	2.92	2.89	2.90	3.12

数据来源：《中国统计年鉴》。

与城市居民鲜蛋消费呈下降趋势不同，各地区农村居民家庭人均蛋及蛋制品消费量都呈上升趋势。与 2005 年相比，东部地区上升 16.86%，中部地区上升 16.09%，西部地区上升 21.40%。东北地区农村居民家庭人均蛋及蛋制品消费量在过去 6 年中呈倒 U 形变化，在 2008 年消费量最大，达到 8.80 千克/年，这个趋势与东北地区城市居民鲜蛋消费的变化趋势相同。

图 1-17 更加直观地反映了我国不同区域农村居民家庭人均蛋及蛋制品消费量的

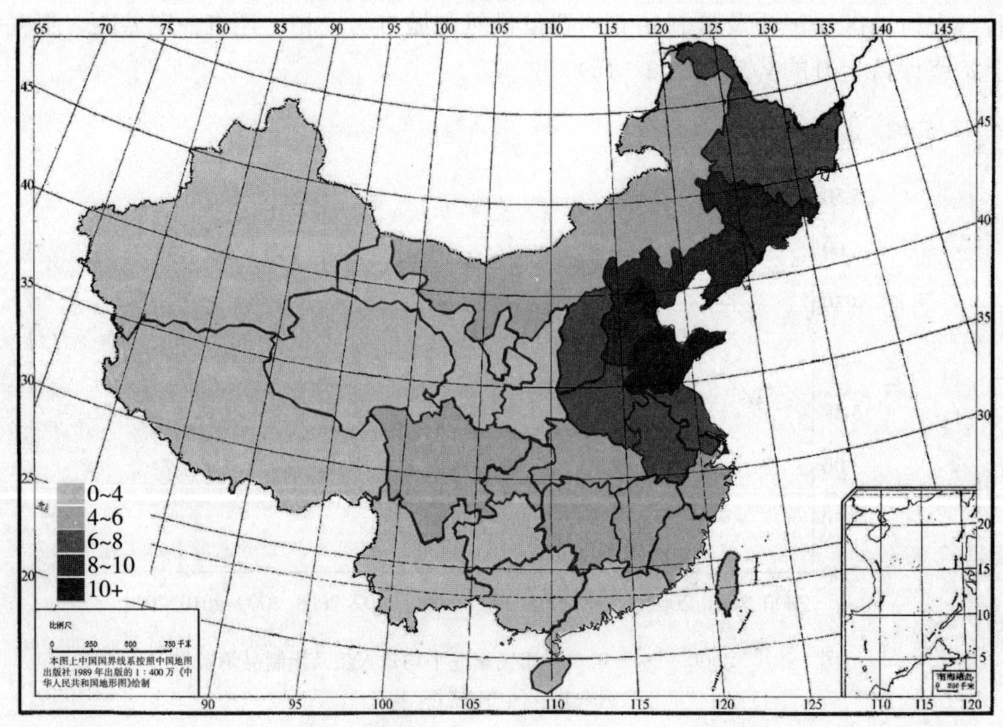

图 1-17　2011 年各地区农村居民家庭平均每人蛋及蛋制品消费量（千克/年）

数据来源：《中国统计年鉴》。

分布情况。与城市蛋类销售支出的分布类似，我国东部地区农村居民家庭人均蛋及蛋制品消费量要大于西部地区的农村，北部地区高于南部地区。其中，天津、北京和山东最高，其次为辽宁、上海、吉林和河北等地，西部和南部省份农村人均蛋及蛋制品消费量都较低。

从表1-9可以看出，目前我国农村居民家庭人均蛋及蛋制品消费量为5.40千克/年。在过去的6年中呈波动上升的趋势。在2008年达到一个最高值5.43千克/年后，下降2年，2011年恢复。

各省份数据中，农村居民家庭人均蛋及蛋制品消费量最大的省份还是天津，2011年达到11.04千克/年，是全国平均水平的2.04倍，排在第2、3位的北京和山东农村居民家庭人均蛋及蛋制品消费量也都基本上是全国平均水平的2倍左右。位于我国西部的西藏和青海，最南部的海南和广西农村居民家庭人均蛋及蛋制品消费量都较少，分别为0.51、1.49、1.75和1.79千克/年。从增长速度来看，2005年以来全国平均年增长速度为2.30%，其中，增长最快的5个省市为新疆（19.83%）、青海（18.43%）、甘肃（12.80%）、广西（9.30%）和陕西（8.07%），都为西部或南部消费量较少的地区；增长速度最慢的5个省市为西藏（－3.71%）、重庆（－2.88%）、河南（－1.19%）、辽宁（－0.53 %）和四川（－0.52%），这5个省份2011年的农村居民家庭人均蛋及蛋制品消费量都低于2005年的水平。

表1-9　2005—2011年各地区农村居民家庭平均每人蛋及蛋制品消费量（千克/年）

地区	2005年	2006年	2007年	2008年	2009年	2010年	2011年
全国	4.71	5.00	4.72	5.43	5.32	5.12	5.40
安徽	4.69	5.01	4.94	5.96	5.84	5.85	6.08
北京	9.32	9.23	9.20	10.12	10.88	10.00	10.82
福建	3.40	3.62	3.39	3.84	4.04	4.09	5.07
甘肃	1.66	1.75	1.66	2.17	2.51	2.58	3.42
广东	2.76	2.77	2.72	2.86	2.80	3.04	3.28
广西	1.05	1.09	1.29	1.32	1.30	1.29	1.79
贵州	1.28	1.41	1.25	1.72	1.66	1.81	1.93
海南	1.23	1.47	1.50	2.61	1.91	2.11	1.75
河北	6.27	6.97	6.33	7.60	7.22	7.26	8.97
河南	8.48	10.10	8.94	10.40	10.57	9.10	7.89
黑龙江	5.74	5.90	5.62	6.86	6.22	6.03	6.24
湖北	4.14	4.15	4.17	4.69	4.93	4.47	5.03
湖南	3.38	3.36	3.24	3.64	3.71	3.86	4.65
吉林	8.60	8.20	7.49	9.21	8.56	7.42	8.71
江苏	6.38	6.91	6.32	7.68	7.18	6.83	6.38

（续）

地 区	2005年	2006年	2007年	2008年	2009年	2010年	2011年
江 西	3.50	3.27	3.34	3.47	3.53	3.28	4.56
辽 宁	8.58	9.35	8.87	10.96	10.23	8.72	8.31
内蒙古	4.29	4.51	4.38	5.92	5.36	4.67	5.13
宁 夏	2.17	3.02	2.31	3.17	2.54	2.42	2.89
青 海	0.54	0.85	0.73	0.82	0.93	1.22	1.49
山 东	10.44	10.81	10.19	11.42	11.09	10.90	10.76
山 西	5.74	6.01	5.95	6.60	6.05	6.22	7.78
陕 西	2.21	2.61	2.17	2.33	2.48	2.64	3.52
上 海	7.66	7.68	7.93	8.36	8.45	8.07	8.58
四 川	4.84	4.91	4.82	4.57	4.55	4.20	4.69
天 津	8.94	9.53	9.84	11.23	11.60	11.32	11.04
西 藏	0.64	0.42	0.76	0.78	0.73	0.89	0.51
新 疆	1.00	1.21	1.09	1.37	1.49	1.92	2.96
云 南	1.67	1.86	1.87	2.41	2.27	2.11	2.45
浙 江	4.59	4.76	4.63	4.99	4.94	4.83	5.15
重 庆	6.53	6.87	5.77	6.16	6.31	7.12	5.48

数据来源：《中国统计年鉴》。

三、鸡蛋消费结构

（一）消费方式

按照消费途径来分，我国鸡蛋消费分为工业消费（保洁蛋、深加工蛋等）、家庭消费（居民食用蛋）和户外消费（餐馆和机构消费蛋）。目前，我国鸡蛋消费依然以家庭消费为主，2010年中国禽蛋工业消费、家庭消费和户外消费分别为551万、1 491万和784万吨，分别占国内禽蛋消费的19.50%、52.76%和27.74%。1992—2010年间，我国禽蛋家庭消费量增长速度（0.51%）大幅低于工业消费（9.31%）和户外消费增长速度（3.41%），而未来这一趋势仍将延续。

（二）购买渠道

在农村地区，农村居民获得鸡蛋的渠道主要有自己饲养蛋鸡、去养殖场购买和去农贸市场购买等三种渠道。

城市居民购买鸡蛋还是以农贸市场和超市为主，在农贸市场购买的鸡蛋大多都是从商家处挑选，成“板”购买或按重量散装，用塑料袋、菜篮子装放，主要通过肉眼识别鸡蛋的颜色、新鲜度及清洁度等来判断鸡蛋的质量。

随着人们生活水平的提高，人们对鸡蛋的卫生安全越来越关注，消费者除了要求鸡蛋本身新鲜、卫生，还需要一个良好的购买环境，很大部分消费者会选择去购物环境更好的大型连锁超市/卖场、社区便利店等地购买鸡蛋。在这些区域购买普通鸡蛋与在农贸市场购买类似，主要通过肉眼识别；同时，品牌鸡蛋产品也主要在超市中销售，有较好的外包装，购买方便，通常按照鸡蛋数量（个）计价，价格高于普通鸡蛋。

我国鸡蛋总产量大、品种繁多、市场容量大，以及流通渠道呈现多元化的趋势，导致鸡蛋的市场竞争较为激烈。目前鸡蛋的流通渠道主要有以下几种。

1. 大型连锁超市/卖场

通常在居民区几千米范围之内就会有大型连锁超市，特别是在一些大中型城市当中，大型连锁超市与卖场分布更多。超市/卖场通常有品牌鸡蛋产品陈列专区，品牌鸡蛋的种类丰富；并且在超市/卖场同时还有普通鸡蛋销售，方便不同消费者选择。

2. 社区便利店

这一类型的渠道更接近居民区，为消费者提供更多便利，主要以散装鸡蛋为主，也有少量品牌鸡蛋销售。但是部分便利店进货渠道多样，所销售的鸡蛋产品质量差距较大。消费者在社区便利店购买量以满足短期食用为主，购买量不会太多。

3. 农贸市场

此消费渠道在中小城市和农村仍然是鸡蛋购买的主要场所，多以散装鸡蛋形式进行，品牌鸡蛋销量较小，购买者多在买菜时一起采购。

4. 大型农产品批发市场

作为城市及区域农产品物流集散场所，大型农产品批发市场主要服务于下一级农产品批发商、零售商、团体单位食堂及批发市场周边居民等。销售方式以批发为主，出货量大，产品新鲜，价格比较实惠。

（三）消费意识

随着人们生活水平和经济水平的提高，鸡蛋的消费意识也发生了变化。一方面，人们更加关注鸡蛋的新鲜度和营养；另一方面，对食品安全和品质的关注超过了对价格的关注。开始对现有的大规模、机械化蛋鸡饲养方式提出质疑，认为这些机械化生产出来的鸡蛋不安全也没有营养。有条件的消费者更愿意去购买农村散养模式下生产的鸡蛋，并且对通过质量安全体系认证过后的绿色无公害鸡蛋产品的需求不断增长。消费需求的多元化改变了原来鸡蛋品种单一、没有质量等级、没有品牌的低水平发展状态。

四、影响鸡蛋消费的主要因素

影响消费者在购买鸡蛋产品的因素比较多，其中，鸡蛋和替代产品（主要是肉类产品）价格、居民家庭人口规模、家庭人口结构等是影响居民鸡蛋消费的主要因素。

1. 鸡蛋和替代产品价格

鸡蛋的消费价格是影响鸡蛋人均主食消费数量最主要的因素。一般来讲，鸡蛋的人均消费量与消费价格之间存在负相关关系。同时，鸡蛋的需求价格弹性（需求量变化幅度/价格的变化幅度）应为负值。也就是说，在鸡蛋价格不变的情况下，替代产品价格的下跌，会使消费者增加替代产品消费，从而减少鸡蛋的消费；反之，居高不下的猪肉、牛肉和鸡肉等替代产品价格在一定程度上增加了人们对鸡蛋的消费。

2. 家庭收入水平

在宏观方面，居民收入增长将带动鸡蛋消费，主要表现在三个方面：①家庭高品质鸡蛋购买量的增加；②在外就餐对鸡蛋消费量的带动；③家庭购买蛋糕、饼干等深加工鸡蛋产品的增加。从前面在不同收入等级家庭鸡蛋消费量的分析中，收入高的城市家庭鸡蛋消费量高于收入低的城市家庭，收入高的东部地区鸡蛋消费要高于收入水平相对较低的西部地区，城市家庭高于农村家庭都意味着家庭收入水平增加能在宏观方面提高我国鸡蛋消费水平。

3. 居民家庭人口结构

有儿童的家庭会显著影响其家庭鸡蛋的购买量。

4. 消费习惯

居民鸡蛋的消费习惯主要受地区与消费季节的影响。如季节因素的影响：夏季人们饮食习惯偏向清淡食物，对猪、牛、羊肉等替代品的消费会减少，对鸡蛋的需求增多，鸡蛋价格就会升高；反之，冬季则消费量相对减少，蛋价降低。消费旺季的影响：在每年的春节、中秋、国庆节、端午节等传统节日时，无论是鲜蛋的直接消费，还是加工需求都显著上升，需求旺盛，使蛋品市场需求进入一个高峰期，鸡蛋价格升高。同样，在大城市中，工作日时间，有大量的上班族、学生需要在工作场所及学校附近吃早餐和午餐；而在周末又是以家庭户内饮食为主，对于鸡蛋消费数量和价格都会产生周期性的影响。这种阶段性需求的特点，使一年中不同季节、不同时间鸡蛋需求产生周期性的变动。

5. 城镇化

我国鸡蛋消费在区域上是以城镇地区为主，这是因为中国城镇人口可支配收入绝对水平和增长速度均显著高于农村人口，在外用餐机会也更多。2010 年城镇居民禽蛋购买量为 10.12 千克/人，而农村人均禽蛋家庭消费量为 5.40 千克/人，如果将该人口从农村地区转入城市，其鸡蛋消费量将净增长 4.72 千克。2000—2010 年中国城市化率上升 13.46%，鸡蛋消费量上升约 528 万吨。长期来看，城市化率每上升 1 个百分点，禽蛋消费量上升 39 万吨。

第五节　贸易发展历程及现状

一、发展历程

随着经济和养殖技术的发展，中国已经成为世界第一大鸡蛋生产国，在生产数量和生产质量上与过去都有了显著提高。在国际贸易方面，我国鸡蛋产品与国外的联系也越来越多。（因为数据限制，本研究并未获得历年我国鸡蛋贸易的具体历史数据，但我国在禽蛋贸易中 80%以上的产品为鸡蛋，所以，在本节我们对 FAO 中的禽蛋贸易数据进行分析以近似说明我国鸡蛋的贸易情况。）

1. 进口

我国禽蛋产品主要依靠本国生产，对于进口的依赖很小。从图 1-18 和图 1-19 可以看出，1961 年以后，我国禽蛋进口可以分为三个阶段。第一阶段（1985 年之前），我国几乎不从国外进口禽蛋产品，这与我国当时的政治和经济条件有很大关系。第二阶段（1986—1995 年），我国国民经济水平和人民生活水平与改革开放之前相比有了很大提高，我国从国外进口的禽蛋有很大的增长，在 1992 年达到最高的 4 459 吨，进口金额达到 296 万美元。但这一阶段的禽蛋进口量呈现出“快涨快落”的现象，1992 年达到顶峰后，进口量迅速下降。第三阶段（1996 年至今），在 1996 年以后，我国禽蛋进口又进入了一个低水平时期，在 2005 年进口量达到最低点，年禽蛋进口量只有 25 吨。虽然近几年禽蛋进口量有所上升，但每年禽蛋进口总量还不到 400 吨，进口额也不到 200 万美元。

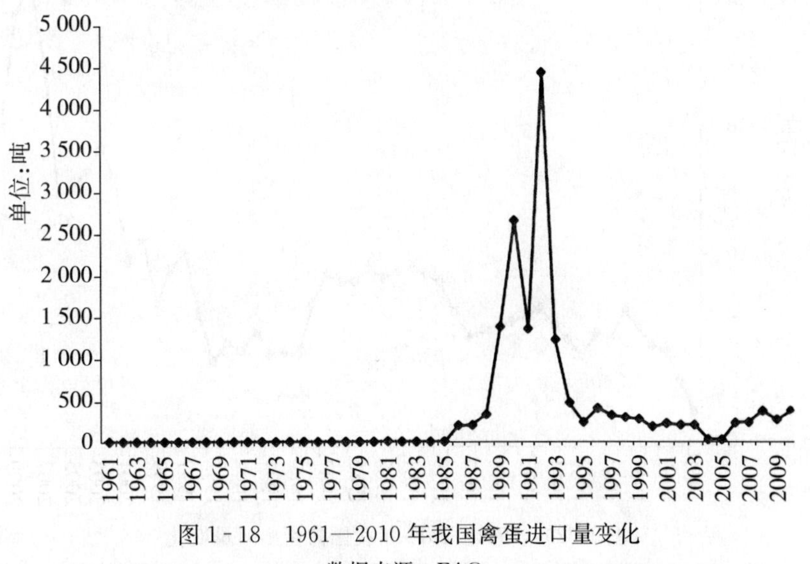

图 1-18　1961—2010 年我国禽蛋进口量变化

数据来源：FAO。

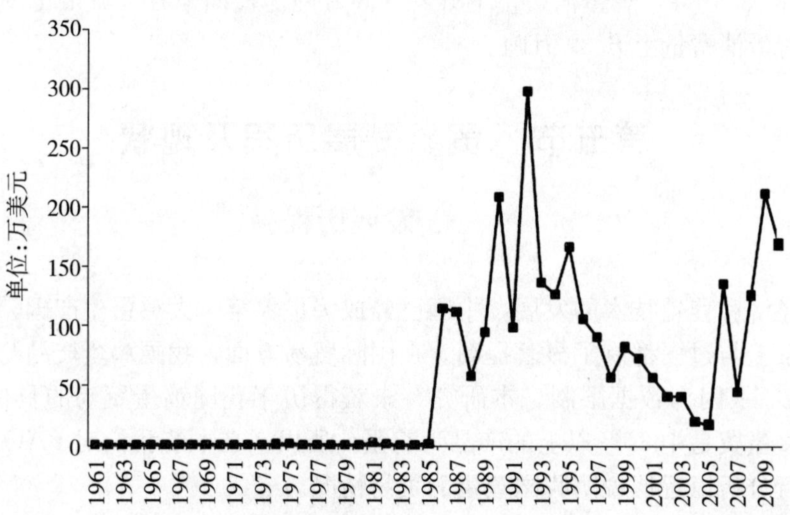

图 1-19　1961—2010 年我国禽蛋进口额变化

数据来源：FAO。

2. 出口

1961 年以后（图 1-20 和图 1-21），我国禽蛋出口总体上可以分为三个阶段。第一阶段（1978 年以前），改革开放以前，我国禽蛋出口呈缓慢上升趋势，这一阶段禽蛋出口量经历了 3 个上升期和 2 个下降期，出口量在 4 万吨左右波动。但这一阶段出口额一直保持着上升趋势，在 1975 年出口额达到这一阶段的最大值 3 861.4 万美元。第二阶段（1979—1995 年），这一时期我国禽蛋出口量进入一个两个非常平稳的时

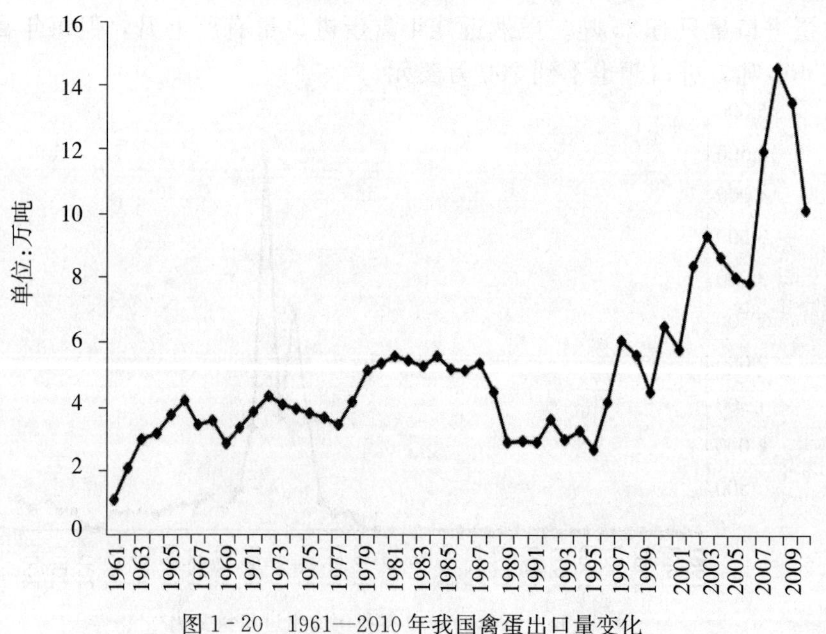

图 1-20　1961—2010 年我国禽蛋出口量变化

数据来源：FAO。

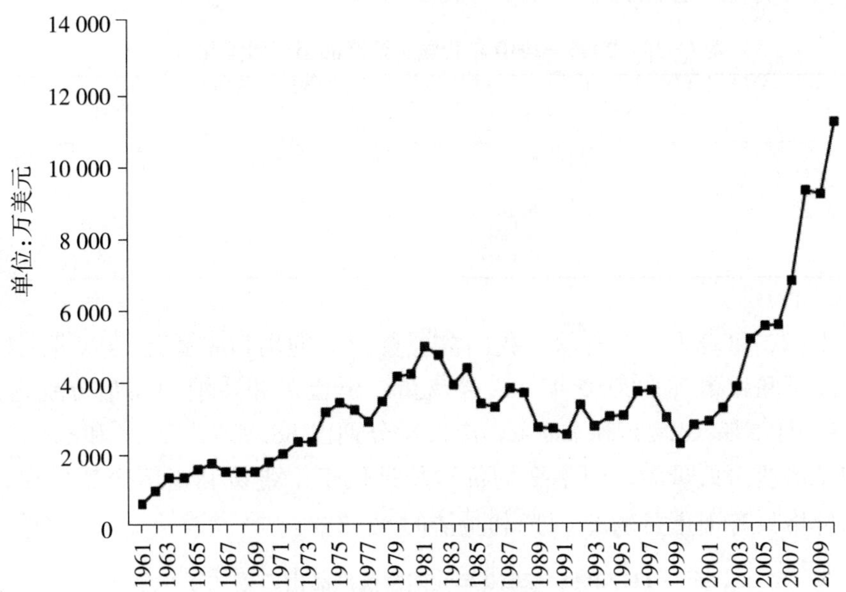

图 1-21　1961—2010 年我国禽蛋出口额变化

数据来源：FAO。

期，出口量分别保持在 5.5 万吨和 3 万吨的水平上，但这一时期禽蛋出口额开始下降。第三阶段（1988 年至今），在经历了近 6 年的平稳以后，从 1995 年开始我国禽蛋出口呈现出迅速上升的态势。出口量从 1995 年的 2.7 万吨到 2008 年的 14.5 万吨，上升了 4.4 倍。同时，禽蛋产品的出口也以较快的速度发展，从 1995 年的 4 236 万美元上涨的最高 2010 年的 13 063 万美元，涨幅为 208.4%。

二、现　　状

（一）禽蛋贸易的国内外地位

由我国禽蛋贸易发展的历程来看，我国禽蛋在国际贸易中主要还是以出口为主，但总体上与我国禽蛋（甚至是鸡蛋）的生产量和消费量来说，用于贸易的禽蛋比例非常小。从 2010 年鸡蛋贸易数据来看，当年我国用于出口的禽蛋只占总产量的不到 0.5%。虽然我国禽蛋出口量占国内产量的比例较小，但因为我国禽蛋产量的基数较大，所以在世界禽蛋出口中仍占有非常重要的作用，2010 年我国禽蛋出口量占世界禽蛋贸易量的接近 6%。

（二）禽蛋贸易结构

与国外发达国家相比，我国禽蛋产品的结构较为单一，产品增值不足。按照 FAO 的统计指标体系，在贸易中将禽蛋产品分为带壳鸡蛋（hen eggs，in shell）、干蛋黄（eggs，dried）和蛋液（eggs，liquid）三种主要蛋品类别，2005 年以来三种产品的贸易量和贸易额分别见表1-10和表1-11。

表1-10　2005—2010年我国禽蛋产品出口量变化（万吨）

品种	2005年	2006年	2007年	2008年	2009年	2010年
带壳禽蛋	8.03	7.87	11.96	14.51	13.47	10.12
干蛋黄	0.15	0.16	0.26	0.35	0.21	0.15
蛋液	0.52	0.53	0.35	0.37	0.33	0.39

数据来源：FAO。

如表1-10和表1-11所示，我国禽蛋类产品的出口主要还是以带壳禽蛋为主，即鲜蛋、皮蛋和咸蛋等。2010年，带壳禽蛋、干蛋黄和蛋液出口量分别占禽蛋类产品出口量的94.9%、1.4%和3.7%，出口额分别占88.8%、5.2%和6.0%。说明带壳禽蛋产品虽然出口量大，但是平均价格却远低于干蛋黄和蛋清产品，在2010年带壳禽蛋的价格只有干蛋黄的25.1%和蛋清的57.2%。

表1-11　2005—2010年我国禽蛋产品出口额（万美元）

品种	2005年	2006年	2007年	2008年	2009年	2010年
带壳禽蛋	6 360	6 410	7 850	10 810	10 700	13 060
干蛋黄	440	460	910	1 820	970	770
蛋液	890	900	620	780	760	880

数据来源：FAO。

从出口趋势来看，在2005—2010年的6年中，带壳禽蛋和干蛋黄出口量都成倒V字形的发展趋势，2008年是这两种产品出口最多的一年。蛋液产品呈出口下降的趋势，2010年出口量比2005年减少25.0%。

三、特　　点

（一）禽蛋出口以鲜蛋为主

从对我国禽蛋贸易的历史发展和现状分析中可以发现，我国禽蛋产品以带壳蛋为主，目前95%的禽蛋产品都是带壳蛋，其中又以鲜鸡蛋为主。但随着我国蛋品加工业的发展，我国深加工蛋制品的出口量也在增加。但是我国蛋液和和干蛋黄在国际市场的竞争力整体上还不如带壳蛋产品，在世界贸易中所占的比重还较小。

（二）禽蛋出口地集中

我国禽蛋产品的出口地和出口目的地都比较集中。从目的地来看，我国香港、我国澳门、美国和日本是我国禽蛋产品最主要的出口国家和地区，近几年我国对这4个国家和地区禽蛋出口规模占全国总出口的比重超过90%。从出口地来看，在地域上主要集中在东部沿海省份；从出口规模来看，主要集中在离我国香港、我国澳门和日本比较近的深圳、大连、青岛和拱北海关。

（三）禽蛋产品的国际竞争力还较弱

虽然我国禽蛋产业发展速度较快，但是在产品质量和出口量占生产量比重方面与美国、荷兰等世界单品生产强国相比还有较大差距。在蛋禽养殖方面还没有形成规范的养殖标准和质量检测与监督体系，同时，由于我国农业生产主体长期以来都是以家庭为单位的小规模生产为主，生产技术和加工技术都还有待提高。特别是蛋制品加工技术还比较落后，蛋制品主要是皮蛋、咸蛋、槽蛋、冰蛋、全蛋粉、蛋白粉、蛋黄粉等传统品种，与国外蛋制品加工强国相比，还有较大差距。例如目前国外巴氏杀菌液体蛋制品在澳大利亚、欧洲、日本和美国已经占鸡蛋产量的30%～40%，我国使用比例却不足1%。

第六节　供求平衡发展历程及现状

一、发展历程

我国鸡蛋供求平衡基本情况见表1-12，可以看出，我国的鸡蛋供给分为生产量、进口量、存量变化和出口量，而需求主要分为种蛋、浪费、食品、其他需求等四种。

表1-12　中国鸡蛋供求平衡（万吨）

年份	生产量	进口量	存量变化	出口量	供求平衡量	种蛋	浪费	食品	其他
1961	129.49	2.30	0.00	1.53	130.25	3.52	6.68	117.96	2.09
1965	140.75	3.46	0.00	5.14	139.08	3.90	7.35	125.53	2.29
1970	164.17	4.00	0.00	3.97	164.21	4.75	8.64	148.17	2.64
1975	196.54	4.68	—0.01	4.11	197.09	6.16	10.39	177.41	3.13
1980	249.47	6.16	0.00	5.47	250.16	8.07	13.32	224.84	3.94
1985	471.29	6.41	0.00	4.81	472.88	11.07	24.69	429.72	7.40
1990	694.90	7.59	0.00	3.88	698.62	17.26	36.07	634.32	10.97
1995	1 452.20	7.88	0.00	2.64	1 457.44	35.78	74.32	1 324.39	22.96
2000	1 888.08	7.56	0.00	5.84	1 889.79	46.72	96.43	1 714.96	31.68
2005	2 101.70	8.08	0.00	7.91	2 101.87	50.92	106.95	1 908.62	35.39
2009	2 360.71	8.80	0.00	12.55	2 356.97	55.15	119.94	2 142.08	39.81

根据我国蛋鸡产业的发展历程看，我国鸡蛋供求平衡的发展历程也是分为四个阶段（图1-22）。

1. 缓慢发展期（1949—1978 年）

这一时期我国的鸡蛋供应量和需求量没有超过 251 万吨，主要是因为这一阶段是我国蛋鸡产业的缓慢发展阶段，鸡蛋生产主要是为了自给自足，大都没有进行市场交易。从表 1-12 中可以明显看出，我国的生产量、进口量、出口量都呈现出上升趋势，导致供应量也呈现上升趋势。而需求部分的种蛋、浪费、食品、其他需求也呈现出上升趋势，同理，总需求上升。这一阶段可以明显看出我国的鸡蛋供给基本上是靠本国生产，进口量基本持平。

2. 初步发展期（1979—1990 年）

这一时期我国鸡蛋供求的各项指标都呈现出上升的趋势，其中，鸡蛋生产量和食品需求量的增加幅度相差不大。进口量增加，出口量降低，贸易呈现出逆差的局面，但进口量非常小。总的来看，初步发展阶段我国的鸡蛋供求平衡量约增加了 1 倍，各项指标也均有上升。

3. 快速增长期（1991—2000 年）

这一阶段我国的鸡蛋市场由长期短缺、供不应求转为总量平衡、丰年有余。从表 1-12 中的数据来看，我国的鸡蛋生产量、食品需求增加了约 1 倍，同时种蛋和浪费的鸡蛋也增加了约 1 倍，这说明我国的育种产业有了很大提升，但鸡蛋消费的浪费现象越来越多。

4. 稳步发展期（2001 年至今）

我国蛋鸡产业在经历了高速增长期后，鸡蛋供求矛盾得到缓解，鸡蛋也由奢侈品转变为生活必需品（申秋红等，2008），鸡蛋供给量增长幅度较小，同时食品消费量增长也较缓慢，其他指标也表现出这种状况，说明我国鸡蛋供求已经处于平稳发展阶段。

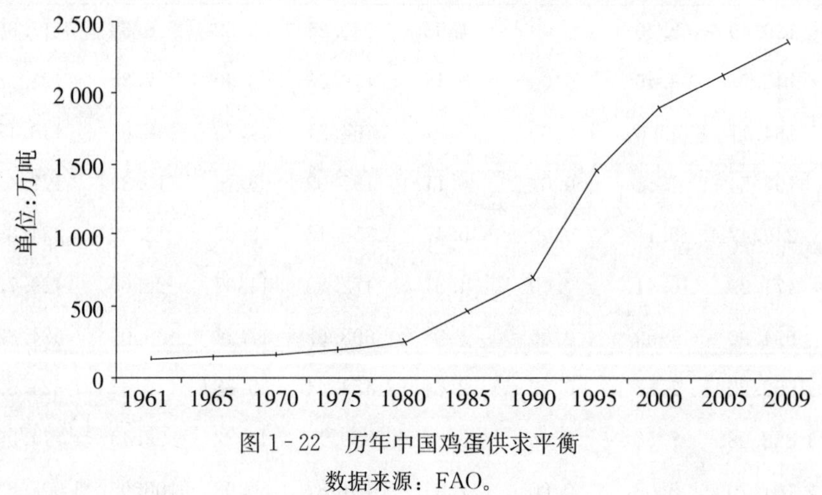

图 1-22　历年中国鸡蛋供求平衡

数据来源：FAO。

二、现　　状

根据 FAO 的最新数据，我国最新的鸡蛋供求平衡数据是截至 2009 年。就 2009

年的我国鸡蛋供求平衡情况来看，从供给角度看，生产量达到了2 360.71万吨，出口超过了进口，实现顺差 3.75 万吨，这也是我国贸易顺差最大的一年；从需求角度看，我国的鸡蛋需求主体在食品消费，主要以鲜食为主，浪费的鸡蛋有所增加，已经达到了 119.94 万吨，超过了种蛋和其他需求之和，浪费比较严重。总的来看，我国的鸡蛋产量能够满足国内消费，并且从贸易逆差转变到贸易顺差，但浪费的问题需要加以重视。

三、特　点

根据以上分析发现，我国鸡蛋供求发展历程和现状表现出以下几个特点。

1. 供求平衡量呈现上升趋势

我国鸡蛋供求平衡量一直处于上升趋势，这与我国鸡蛋产量不断上升和人们对鸡蛋的需求量不断增加有直接关系，而且发展至今，鸡蛋已经成为人们的生活必需品，供求平衡量的增加成为必然趋势。

2. 贸易逆差转变为贸易顺差

从表 1－12 中可以明显看出，2009 年我国的鸡蛋贸易已经从逆差扭转成为顺差，我国的鸡蛋出口量得到了很大提升，同时这也说明我国的鸡蛋已经进入国际市场，而且我国也已从一个进口国转变为出口国。

3. 国内供给和国内消费为主

我国在 2009 年的鸡蛋进出口是顺差，从以往的需要国外进口小部分鸡蛋满足本国需求的局面转变为本国可满足自身需求的局面。也就是说，我国鸡蛋产量在满足国内需求的基础上，还能开展国际贸易，生产的鸡蛋完全可以满足国内的需求。

4. 种蛋需求增加

随着我国蛋鸡育种技术的进步，我国并不从国外直接购进商品代蛋雏鸡，而是将祖代、父母带引入国内进行繁育，而且国内自主研发的蛋鸡品种在蛋雏鸡市场上的份额越来越大，这就需要越来越多的种蛋，这其实也是我国育种水平提升的表现。

5. 鸡蛋浪费严重

我国鸡蛋浪费量逐年上升，每年浪费的量已经超过 100 万吨，这一数量已经相当于一个鸡蛋生产中等省份的生产量，鸡蛋浪费严重的问题需要引起社会各界的关注和重视。

第七节　废弃物处置、资源利用发展历程及现状

近年来，国家对畜禽养殖所造成的环境污染问题越来越重视，2012 年的中央一号文件对于畜禽行业中的养殖污染问题的治理提出了指导性政策，要求把农村环境整治作为环保工作的重点，完善“以奖促治”政策，逐步推行城乡同治，加快农业面源污染治理，改善农村人居环境。而且，2012 年的《政府工作报告》中也提到了对农

村、农业环境的治理问题，这表明我国政府对于畜禽产业所造成的环境问题是非常重视的，亟待解决畜禽废弃物的资源化利用问题。

具体到蛋鸡产业来看，随着经济发展和人民生活水平的提高，我国居民对畜产品的需求不断增加，促进了我国蛋鸡产业的迅猛发展。但是，随着我国蛋鸡养殖规模不断扩大，蛋鸡废弃物*的排放日益增加。据测算，我国2010年蛋鸡粪便产生量达到了约5 856.57万吨，我国有90%的规模化蛋鸡养殖场未经过环境影响评价，60%的养殖场缺乏必要的污染处理措施，蛋鸡养殖业产生的污染已成为农村地区面源污染的主要来源。而且，虽然近年来国家对规模化畜禽养殖业的污染进行了治理，但是由于大部分养殖场未能对畜禽粪便进行有效的处理和利用，并且将未经处理的粪便随意堆放，导致大量的氮磷流失，造成空气、土壤和水体受到污染，威胁家畜乃至人类健康，畜禽养殖业已经成为农村污染的主要因素和污染治理的主要对象之一（吴荷群，2011）。因此，养殖场环境污染的问题，实质上是一个产业结构和产业布局的问题，不能仅靠沼气或者生态工程建设的技术手段来解决。不要把蛋鸡废弃物作为污染物，要把它资源化，对其进行开发和利用，挖掘其中的能源、肥料、饲料等功能和潜力，必须选择环境友好、利于提高资源利用效率且具有一定经济效益的方法处理蛋鸡废弃物，使其成为蛋鸡产业中新的发展行业和产值增长点，从而实现蛋鸡产业的可持续发展。

一、发展历程

我国在春秋时期就有把蛋鸡粪作为农家肥使用的习惯，直到现在，仍然保持这种传统。就新中国成立以后的发展历程来看，改革开放以前，我国农业生产仍然是小农经济，化肥还未在国内发展起来，农户只能把蛋鸡粪等畜禽粪便作为肥料投入种植业中，这一时期对蛋鸡粪等畜禽粪便的需求量比较大，粪便往往不够用，出现了捡粪的现象。改革开放以后，随着国民经济的发展，化肥逐渐取代了农家肥，尤其是20世纪90年代初期，化肥已经成为农作物最主要的肥料来源，其中最重要的原因是化肥的施用方便、使用效果相对明显，导致农家肥或者有机肥的投入比例下降，但也造成了土壤中的有机质含量下降，需要用农家肥对土壤等条件进行改良。在化肥替代蛋鸡粪成为种植中主要投入肥料的发展中，蛋鸡粪沼气化利用也随之发展起来，尤其是进入21世纪以后，我国政府对粪便的沼气化利用有资金支持，推动了蛋鸡粪的沼气化利用，也出现了沼气发电的利用模式。

* 蛋鸡废弃物主要有粪便、废弃食物、死禽和垫圈材料等，其中蛋鸡粪为最主要的废弃物，蛋鸡粪产量一般与蛋鸡饲用饲料量相当。由于蛋鸡消化道较短，饲料消化时间较短，鸡粪中富含各种营养成分。蛋鸡粪具有很高的营养价值和资源利用价值，可被再循环利用，蛋鸡粪也是本部分所研究的蛋鸡废弃物的重点分析对象。

二、现　　状

在华北、华东和东北等粮食主产区，2010 年蛋鸡存栏量达到 15 亿只左右，年产鸡粪 5 856.57 万吨左右。蛋鸡粪的产量前六位的省份分别为河南、山东、河北、辽宁、江苏和四川。其中，河南省蛋鸡粪的产量最高，在 2010 年高达 823.76 万吨，占蛋鸡粪总产量的 14.07%；前六位省份蛋鸡粪的总量占全国的 62.35%（表 1-13）。

表 1-13　2010 年我国各省份蛋鸡粪产量（万吨）

省份	产量	省份	产量	省份	产量	省份	产量
河南	823.76	黑龙江	223.14	重庆	78.90	甘肃	29.27
山东	814.62	吉林	202.75	广东	72.94	贵州	26.51
河北	718.80	湖南	194.46	福建	55.71	宁夏	15.16
辽宁	584.50	山西	149.41	新疆	51.62	上海	13.31
江苏	403.98	内蒙古	105.99	云南	44.08	海南	7.42
四川	306.09	陕西	99.78	广西	42.45	青海	3.30
湖北	281.07	浙江	93.87	天津	39.72	西藏	0.61
安徽	252.30	江西	88.97	北京	32.09	总计	5 856.57

数据来源：根据 2011 年《中国统计年鉴》整理。

三、处理模式

本部分依据蛋鸡废弃物功能化处理进行分类叙述我国蛋鸡废弃物处理的现状，主要分为能源化处理模式、肥料化处理模式及饲料化处理模式。

（一）能源化处理模式

许多专家学者都认为蛋鸡废弃物能源化处理模式是未来的主要发展方向（邓良伟等，2007；于颖等，2009；李景明等，2010）。国内实现蛋鸡粪能源化的措施主要有两种：①蛋鸡废弃物发电。蛋鸡废弃物沼气发电在我国刚刚兴起，而在欧美等国家和地区已有 30 多年的发展历史，并且技术已经成熟。目前，我国的一些大型蛋鸡养殖企业抢先引进欧洲的大规模沼气发酵处理技术并加以开发，正在试行商业化运作，最为有代表性的就是北京德青源农业科技股份有限公司。②厌氧发酵产生沼气用于日常生活。蛋鸡粪发酵产生的沼气燃料作为生活能源，在农村地区较为普遍，尤其是蛋鸡养殖密集区域。

（二）肥料化处理模式

我国素有利用有机肥的传统。早在 3 000 多年前的春秋时期，我国的农民就开始利用畜禽粪便进行堆积发酵使用。新中国成立以后，随着国民经济的发展，化肥逐渐取代农家肥，成为农作物最主要的肥料来源，到 2009 年我国有机肥施用量仅占肥料施用总量的 20%，随之而来的是耕地有机质含量下降，为了提高土地的肥力，有机肥成为非常有发展潜力的肥料产品。

就目前我国蛋鸡废弃物肥料化处理模式来看，主要有蛋鸡废弃物未经处理直接还田、干蛋鸡粪还田、沼渣和沼液还田和有机肥还田等四种方式。①蛋鸡废弃物未经处理直接还田：该处理方式被众多中小农户及部分规模化蛋鸡养殖场（户）所采用，这种处理方式处理的蛋鸡粪占蛋鸡粪总量的 60%以上，但容易造成二次污染。②干蛋鸡粪还田：该处理方式主要有两种处理方法，分别是自然干燥法和烘干干燥法。自然干燥法容易造成土地的占用及环境的二次污染；而烘干干燥法处理成本较高，使用的比例逐年降低。③沼渣和沼液还田：沼渣和沼液的处理成为限制蛋鸡粪沼气处理的主要因素，虽然沼渣是极好的速效全养分有机肥料，沼液可以喷洒防治病虫害，但未经过无害化处理直接还田可造成二次污染。④有机肥还田：利用蛋鸡粪生物发酵法制作有机肥的主体主要有两种，一种是专业化的有机肥生产厂，这种厂家在我国比较少；另外一种是养殖者自行配套建设的有机肥厂，主要还是以生物发酵为主，少数深加工制成有机无机复合肥、专用肥。由于蛋鸡废弃物加工厂的前期投资比较大，资金回收期比较长，只有大规模的蛋鸡养殖企业才有资金投资建设。

（三）饲料化处理模式

蛋鸡废弃物饲料化*处理是目前欧盟、美国和日本比较重要的处理方式，将蛋鸡废弃物制作成再生饲料作为牛、羊等的补充饲料，利用量比较大。而在我国，蛋鸡废弃物的饲料化处理是目前使用最少的处理方式，目前主要用在水产方面。主要有两种产品，分别是鲜蛋鸡粪直接使用和无害化处理后使用，两者比较来看，鲜蛋鸡粪直接使用的比例要高于无害化处理的使用比例。利用蛋鸡粪制作饲料有其优点也有缺点。优点在于节约了养殖成本，利用了蛋鸡废弃物资源；缺点主要是污染了水源，产生面源污染，造成水体富营养化、水产品重金属含量高。

（四）三大模式的优劣势分析

鸡粪处理三大模式的优点与主要技术难题见表 1－14。

---

* 蛋鸡对饲料的消化吸收率低（35%左右），每吨干鸡粪可代替 0.38 吨饲料粮，所以鸡粪作为饲料的利用价值较高（刘合光，2010）。

表 1-14　蛋鸡废弃物处理模式优点与难题分析

处理模式	主要优点	主要难题	技术攻关路线
肥料化	投资低，收效快；符合循环经济原则；符合有机食品消费趋势	传统露天堆肥易导致氮素挥发污染大气，氮素淋洗，液体渗漏污染水体，未对有机废水进行无害化处理	封闭式搅拌、好氧发酵、添加秸秆、稻糠或锯末，改传统堆肥为机械化生产有机肥
能源化	符合发展低碳经济趋势；沼气生产方式统筹处理污水与粪便；迂回式生产方式，扩大前后向产业联系效应	沼气工程投资大、运行效益低，沼液、沼渣利用率低，难以消纳，容易导致二次污染。传统鸡粪焚烧模式容易导致大气污染；投资巨大	沼气发电，沼液、沼渣管道运输至农田；除尘、脱硫；技术和设备国产化
饲料化	投资低，见效快；节省资源	鸡粪含吲哚、胺类、病原微生物、代谢后毒素，容易导致畜禽交叉感染；鸡粪烘干需要消耗能源并导致空气二次污染	重金属和病菌检测排查；运用化学方法、微生物发酵方法、热喷法和青贮法代替人工烘干和自然干燥工艺

资料来源：课题组根据调查和有关文献整理。

参 考 文 献

曹光乔，潘丹．2011. 我国蛋鸡养殖成本收益及其影响因素分析［J］．中国家禽，33（17）：26-28.

邓良伟，陈子爱．2007. 欧洲沼气工程发展现状［J］．中国沼气，25（5）：23-31.

丁悦，林源，马骥．2011. 北京市城镇居民家庭鸡蛋消费的基本特征分析［J］．中国食物与营养（12）：46-49.

冯仕彬．2011. 我国典型鸡蛋流通模式的比较分析［J］．中国畜牧杂志（10）：13-16.

韩俊．2010. 中国食物生产能力与供求平衡战略研究［M］．北京：首都经济贸易大学出版社．

何瑞银，姚立健，等．2005. 中小型养鸡场鸡粪处理的现状分析［J］．农机化研究（6）：71-73.

胡全．1992. 国内外鸡粪的饲料化生产［J］．农牧与食品机械（1）：40-43.

黄鸿翔，李书田，李向林，等．2006. 我国有机肥的现状与发展前景分析［J］．土壤肥料（1）：3-7.

黄炎坤，王文静．2002. 规模化养鸡场鸡粪处理情况调查［J］．中国畜牧杂志，38（3）：41-42.

李宝珍．1994. 鸡粪处理方法简介［J］．北京农业，（7）：28.

李景明，薛梅．2010. 中国沼气产业发展的回顾与展望［J］．可再生能源，28（3）：1-5.

李哲敏，王玉庭，崔利国，等．2012. 2011 年国内外禽蛋市场及贸易形势分析［J］．农业展望（2）：18-22.

林竟雨，李怡洁，马骥．2012. 北京市城镇居民品牌鸡蛋消费的特征分析［J］．中国食物与营养（2）：48-51.

刘合光，刘悦，杨浩然，等.2009. 中国蛋鸡产业国际竞争力分析［J］. 中国家禽（23）：11-15.

刘合光，秦富.2011. 我国蛋鸡产业发展特征与展望［J］. 农业展望，7（7）：45-48.

马广鹏.2012. 我国重大动物疫病流行现状及防控技术进展［J］. 中国预防兽医学报，34（8）：673-676.

马骥，朱宁，秦富，等.2010. 西南地区蛋鸡鸡粪处理发展报告［R］. 北京：国家蛋鸡产业技术体系产业经济研究室.

马美湖，钟凯民，袁正东，等.2006. 蛋与蛋制品行业 2006 年国内外技术发展综合报告［J］. 中国家禽，28（22）：5-8.

潘丹，曹光乔，秦富，等.2010. 中国蛋鸡产业布局变迁的经济分析——基于省级面板数据的研究［C］.//2010 年全国中青年农业经济学者年会论文集.

潘丹，曹光乔.2010. 中国蛋鸡产业集聚状况分析［J］. 中国家禽，32（13）：5-7.

潘丹，曹光乔.2011. 中国蛋鸡生产布局优化研究——基于比较优势的实证分析［J］. 中国农业资源与区划，32（2）：68-74.

钱勇，程军波.2008. 鸡蛋消费结构正发生悄然变化［J］. 中国禽业导刊（10）：32-34.

秦富，刘合光，赵一夫，等.2012. 中国蛋鸡产业经济 2011［M］. 北京：中国农业出版社.

秦富，赵一夫，马骥，等.2009. 中国蛋鸡产业经济 2009［M］. 北京：中国农业出版社.

秦富，赵一夫，马骥，等.2011. 中国蛋鸡产业经济 2010［M］. 北京：中国农业出版社.

曲春红，张冰.2005. 禽蛋进出口形势分析及展望［J］. 中国牧业通讯（6）：43-45.

申秋红，王济民.2008. 我国禽蛋消费水平及影响因素的实证分析［J］. 中国食物与营养（4）：33-36.

王桂朝，李新.2013. 蛋鸡全产业链技术研发再创新——国家蛋鸡产业技术体系 2012 年科研成果展示［J］. 中国家禽，35（3）：35-45.

吴荷群，樊洪涛，陈文武.2011. 规模化畜禽养殖场废弃物污染现状及防治对策［J］. 现代农业科技（6）：282，286.

肖云，李桂芝.1996. 鸡粪饲料的加工与利用［J］. 南方农机（3）：19.

徐明凡，刘合光，秦富，等.2010. 世界鸡蛋主产国生产贸易现状与前景［J］. 农业展望（5）：40-43.

杨东群，李先德，秦富.2009. 世界蛋品生产和贸易形势分析［J］. 世界农业（10）：15-19.

杨宁.2001. 蛋鸡育种的现状和发展展望［J］. 中国禽业导刊，18（10）：9-13.

杨宁.2013. 全国蛋鸡遗传改良计划与品种创新［J］. 中国家禽，35（10）：32-35.

殷宁佳，马骥，朱宁，等.2010. 西南地区蛋鸡粪便处理现状、问题及政策建议［J］. 中国家禽，32（18）：65-68.

于颖，王宏燕，周东兴.2009. 畜禽粪便的资源化利用［J］. 东北农业大学学报，40（8）：140-144.

宇凌，蔡文利.2011. 中国饲料工业发展概况［J］. 饲料博览（10）：60-62.

张冬冬.2013. 我国蛋鸡育种情况及未来育种趋势［J］. 中国家禽，35（增刊）：31-33.

赵一夫，马骥，曹光乔，等.2012. 中国蛋鸡产业发展分析及政策建议［J］. 中国家禽，34（12）：6-10.

赵一夫，薛莉，秦富，等 . 2010. 我国蛋鸡产业生产状况及发展形势分析［J］. 中国家禽，32（4）：1-7.

赵一夫，薛莉，秦富，等 . 2011. 2010 年中国蛋鸡行业发展形势分析［C］. //第五届（2011）中国蛋鸡行业发展大会论文集 .

赵一夫，薛莉，秦富 . 2011. 当前中国蛋鸡行业发展形势分析［J］. 北方牧业（12）：13.

钟钰，秦富 . 2011. 我国蛋鸡养殖成本变动状况与趋势［J］. 农村养殖技术（14）：6-7.

朱红兵 . 2010. 从“北蛋南运”看畜牧市场状况［J］. 农家科技（11）：31.

朱宁，高堃，马骥 . 2012. 北京市城镇居民鸡蛋消费影响因素的实证分析［J］. 中国食物与营养（1）：47-50.

http：//www. chinanews. com/ny/2010/12-13/2716961. shtml.

第二章　世界蛋鸡产业发展及借鉴

第一节　世界蛋鸡产业发展概况

一、世界鸡蛋生产现状、布局及特点

（一）世界鸡蛋生产现状

随着社会经济的发展和人们生活水平的提高，各国对包括鸡蛋在内的畜禽产品的需求越来越大。鸡蛋是人们日常饮食中蛋白质的重要来源之一，受鸡蛋需求的驱动，世界蛋鸡产业不断发展壮大，也促使世界鸡蛋生产水平和产量随之上升（图 2-1）。

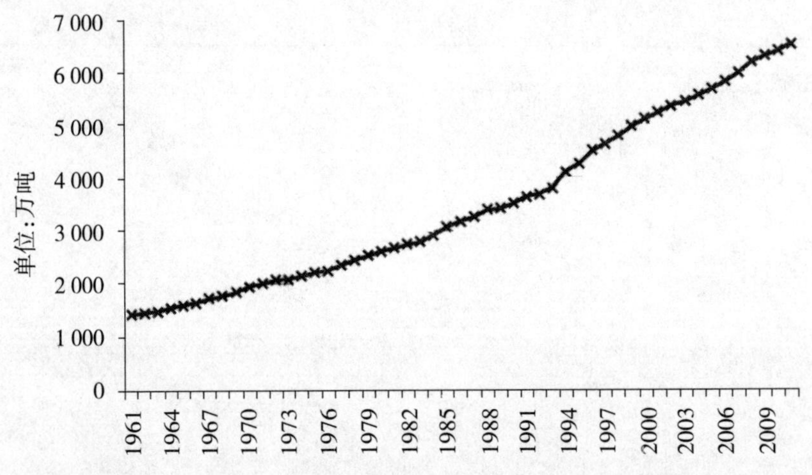

图 2-1　1961—2011 年世界鸡蛋产量

资料来源：FAO。

自 1961 年以来，世界鸡蛋的产量一直处于上升趋势。其中，1985 年以后，我国蛋鸡产业的快速发展对带动世界鸡蛋产量的增长作出了十分重要的贡献。2008 年以来，受世界金融危机和禽流感等因素的影响，全球鸡蛋产量增速有所放缓。总体来看，1961—2011 年世界鸡蛋产量的平均增长率高达 3%。2011 年世界鸡蛋产量达到 6 500.26万吨（65.63 亿枚），比 1961 年的1 440.93万吨（19.00 亿枚）增长了 3.51 倍（2.45 倍）。

（二）世界鸡蛋生产分布及布局

在世界鸡蛋产量区域格局中占比重最大的是亚洲，其在 1988 年超过了欧洲成为世界鸡蛋产量第一大洲，而欧洲的鸡蛋产量呈现明显的下降趋势（图 2-2）。虽然在 1985 年以前美国是世界第一大鸡蛋生产国，但美洲的鸡蛋产量呈现出明显的下降趋势。此外，非洲和大洋洲不是鸡蛋主产区，这两个大洲的鸡蛋产量相对比较稳定。

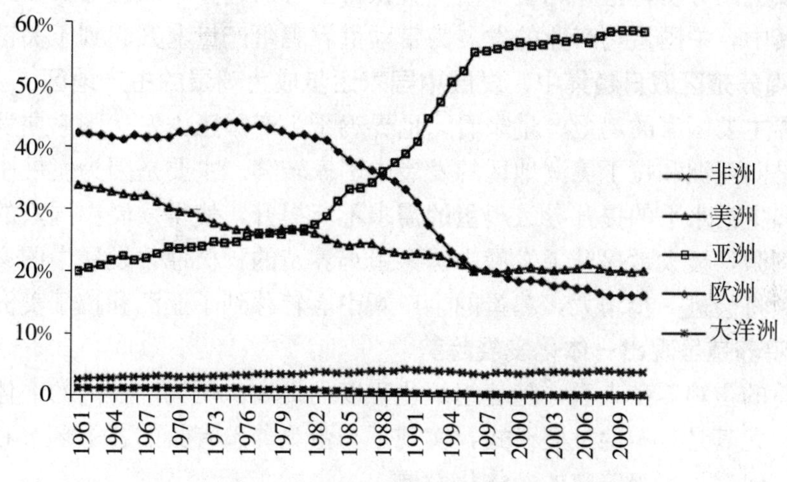

图 2-2　1961—2011 年世界各洲鸡蛋产量变动情况

资料来源：FAO。

图 2-3 是 2011 年世界主要鸡蛋生产国的鸡蛋产量情况。可以看出，亚洲是世界

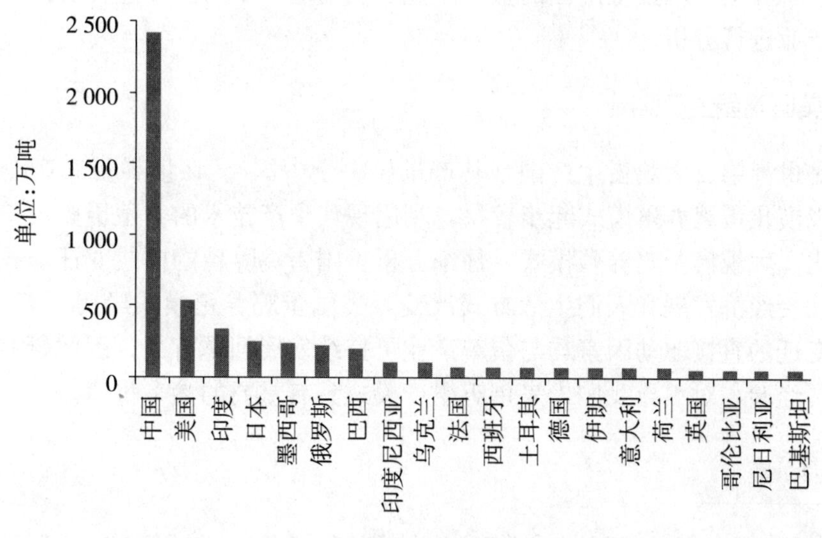

图 2-3　世界鸡蛋主产国（前 20 位）鸡蛋产量情况

鸡蛋的主要产区，其中，我国的鸡蛋产量位居世界第一位*，印度和日本分别位居世界的第三位和第四位，中国、印度和日本的鸡蛋产量占世界鸡蛋总产量的49.31%。美国的鸡蛋产量位居世界第二位，欧盟的法国、德国、荷兰和英国的鸡蛋产量也位居世界前列。

（三）世界鸡蛋生产特点

1. 世界鸡蛋产量平稳增加

根据以上的分析，世界鸡蛋产量一直保持上升的趋势，而且增长的绝对量有增加的趋势。其中，中国蛋鸡产业的发展为带动世界鸡蛋产量上升起到了关键性作用。

2. 蛋鸡养殖区域日趋集中，发展中国家逐步成为鸡蛋的主产地区

从世界主要国家的鸡蛋产量来看，世界鸡蛋主产国正由发达国家向发展中国家转移，尤其是向亚洲和拉丁美洲地区的发展中国家转移。主要是因为发展中国家人口的迅速增加和生活水平的提升导致鸡蛋的需求不断提升，使得发展中国家的鸡蛋供给受到很大的刺激，极大地提升了发展中国家蛋鸡养殖的积极性，发展中国家占世界鸡蛋市场的份额将会进一步增大，鸡蛋的生产新中心转移到了亚洲和拉丁美洲。

3. 蛋鸡养殖呈现出一体化发展趋势

就目前的蛋鸡养殖来看，随着组织化程度的提高，蛋鸡产业内的一体化发展趋势非常显著，尤其是日本的发展模式，实现了与蛋鸡养殖有关的各个环节和各个行业的有机结合，促进了蛋鸡养殖的一体化发展。

二、主要生产国蛋鸡生产情况

为了了解和借鉴鸡蛋主产国的蛋鸡产业发展情况，本书主要选择美国、欧盟和日本的蛋鸡产业进行分析。

（一）美国鸡蛋生产情况

美国是世界第二大鸡蛋生产国（其产量仅次于中国）。在世界蛋鸡产业发展过程中，美国规模化蛋鸡养殖模式起步较早，利用现代生产技术的养殖历史较长，目前形成了一体化、大规模蛋鸡养殖模式。仔细分析美国蛋鸡养殖的模式变迁，我们不难看出，随着社会经济发展和人们生活方式改变，美国蛋鸡养殖模式经历了若干个变化，这些模式变迁的直接驱动因素均与蛋鸡产业可持续发展问题有关，因此研究美国的蛋鸡产业发展经验，对引导我国未来蛋鸡生产模式具有重要的参考价值。

---

* 由于FAO和我国的统计口径不同，2011年FAO统计的我国鸡蛋总产量为2 414.87万吨，而我国统计的2011年鸡蛋产量为2 389.71万吨，特此说明。

1. 生产情况

美国是鸡蛋生产大国，美国鸡蛋产量在 1990 年以前稳定在 400 万吨/年，其在 1985 年被我国超过，退居世界第二大鸡蛋生产国。在 1990 年以后，美国鸡蛋产量呈现出上升趋势，但在 2006 年之后的几年时间里比较平稳。根据 FAO 统计资料，自 20 世纪 80 年代以来，美国蛋鸡生产规模总体稳定，全国总存栏量维持在 2.88 亿～3.46 亿只。2004 年之后，美国蛋鸡每年总饲养量变化很小，年度间变化幅度不超过 2%。其中，2006 年达到顶峰，为 3.46 亿只；2011 年约为 3.38 亿只（图 2-4）。

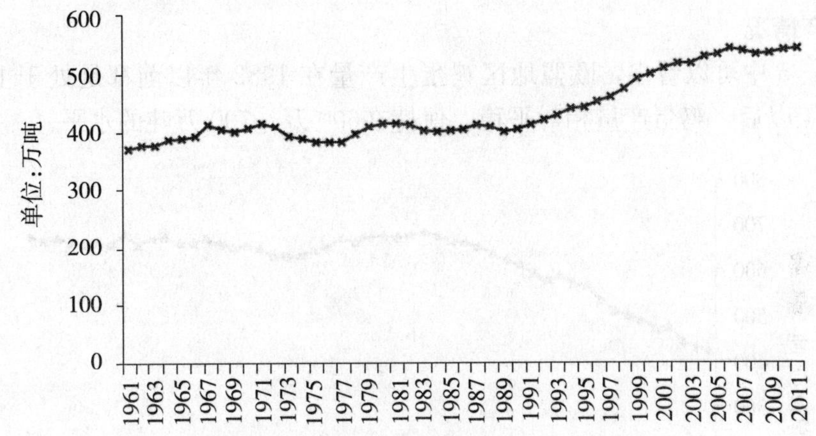

图 2-4　1961—2011 年美国鸡蛋产量情况

资料来源：FAO。

在区域布局上，美国蛋鸡养殖不平衡，以 2011 年 1—2 月两月平均为例，美国中西部 3 万只以上的商品鸡群数量占全美比重超过一半，高达 51.3%；东北、东南、中南、加州、西北部各占 12.8%、10.9%、9.6%、6.9%、3.1%，五个区域合计也只有 43.3%，其他为 5.4%。与蛋鸡养殖相对应，美国鸡蛋产量也主要集中在中西部，占全美鸡蛋总产量的 44.1%；东北、东南、中南、加州、西北部分别占全美鸡蛋总产的 11.7%、17.1%、11.8%、5.7%、2.8%，五个区域合计只有 49.1%，也不及全美商品蛋产量的一半，其他为 6.8%。

2. 生产特点

美国蛋鸡养殖业主要有以下三个特征。

（1）鸡蛋生产水平逐步提高　虽然美国蛋鸡饲养量波动不大，但比较稳定。且在配套技术保证下，蛋鸡生产水平稳步提升，蛋鸡整个生长期内平均产蛋率由 1983 年的 68.4%提升至 2008 年的 74.8%；每只入舍蛋鸡年均产蛋数量也由 249.6 枚增加至 2008 年的 273.5 枚。

（2）形成了优势密集蛋鸡养殖区域　美国的蛋鸡产业形成了优势养殖区域。就目前来看，按蛋鸡存栏（或鸡蛋产量）排名，前五位分别是爱荷华州、俄亥俄州、宾夕法尼亚州、印第安纳州和得克萨斯州。

（3）规模效益高　随着单场生产规模逐步扩大，养鸡场开始表现明显的规模效益。经测算，采用新技术规模化生产鸡蛋和采用传统技术的生产者相比较，每生产1打（12枚）鸡蛋的成本差别是2～3美分，养鸡场的规模与成本之间相关性明显。另外，规模与效益之间的关系也非常密切，20世纪60年代美国蛋鸡养殖场的规模只有在1万～2万只蛋鸡以上才能有经济效益，进入21世纪以后美国饲养规模低于10万只的蛋鸡养殖场已经较少，大多数蛋鸡养殖场（75%左右）饲养规模为10万～100万只。

（二）欧盟鸡蛋生产情况

1. 生产情况

从图2-5中可以看出，欧盟地区鸡蛋生产量在1982年以前都是处于上升趋势，而在1982年以后，鸡蛋产量相对平稳，保持在600万～700万吨的水平。

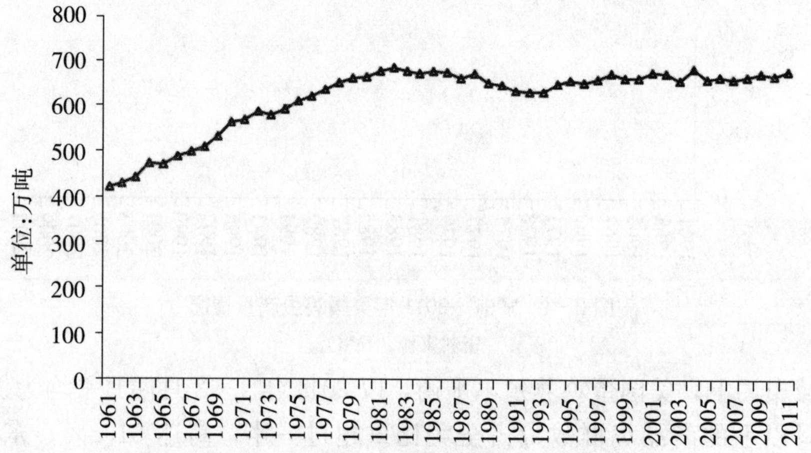

图2-5　欧盟地区鸡蛋生产量趋势（1961—2011年）

资料来源：FAO。

表2-1是欧盟地区鸡蛋主要生产国鸡蛋生产情况。仅从2011年来看，法国鸡蛋

表2-1　1961—2011年欧盟地区鸡蛋产量情况（万吨）

国家	1961年	1970年	1980年	1990年	2000年	2010年	2011年
法国	52.00	65.80	85.30	88.68	103.80	84.43	83.95
西班牙	24.48	46.36	67.84	66.66	65.76	83.00	83.00
德国	67.53	116.17	113.43	98.50	90.10	66.24	77.71
意大利	38.19	60.66	64.24	65.59	68.61	73.68	73.68
荷兰	34.49	27.89	54.03	65.20	66.80	67.00	69.20
英国	75.44	89.16	82.20	62.23	56.86	65.80	66.20
波兰	34.57	38.87	49.45	42.24	42.37	61.85	57.67
罗马尼亚	12.04	16.00	29.98	38.50	26.28	29.75	30.43

资料来源：FAO。

产量最高，约为83.95万吨/年，排名第8位的国家鸡蛋产量仅为30.43万吨/年，表明欧盟国家之间鸡蛋产量差距较大。

2. 生产特点

欧盟地区蛋鸡产业发展的主要特点有以下几种。

（1）发展较为平稳　欧盟地区鸡蛋产量比较平稳，一直保持在600万～700万吨，而且主产国鸡蛋产量变动较小。

（2）以家庭农场养殖为主　欧盟地区的蛋鸡养殖基本上都是家庭农场养殖模式，主要的分布国家有德国、法国、荷兰、奥地利。该种模式规避了土地和劳动力资源的稀缺问题，欧盟国家资本和技术实力雄厚，因此，当地主要利用模式就是集约化家庭农场的发展道路。欧盟地区的家庭农场有种养结合、劳动力主要是家庭成员、经营规模都不大三个基本特征。欧盟的家庭农场经历了由农户到农场的转变。在20世纪60年代和70年代西欧一些主要发达国家，许多农场都是种养结合型农场，一直到现在，他们也都是种粮、种菜、养鸡、养猪、养牛，同时从事几个行业，甚至有些农民是一边到工厂打工，一边经营农场，农场经营规模都比较小，专业化程度也很低。这些农场实际上相当于我国现在的农户。尤其是奥地利的多数农场属于种植业与养殖业相结合的农牧结合型农场，即使是单纯从事养殖业的农场也都既养猪又养鸡，兼业型农场依然占农场总数的70％。

（三）日本鸡蛋生产情况

1. 生产情况

总体来看，日本的鸡蛋生产量在1993年以前都是处于总体上升的趋势，而1993年以后的鸡蛋产量相对平稳，略有波动，保持在250万吨左右的生产水平（图2-6）。之所以会出现这种情况，主要是因为日本的蛋鸡养殖已经饱和，没有空间进行更多的蛋鸡养殖，而且现在的蛋鸡养殖数量能满足国内的消费。

根据有关研究，日本蛋鸡养殖分为6个阶段：①1954年以前，当时日本养殖蛋鸡是为了满足自身的需要，养殖数量比较少。②1956—1962年，这个时期的日本蛋鸡养殖户联合起来成立了饲养互助组，统一配备饲料和销售鸡蛋，每个蛋鸡养殖场的蛋鸡存栏数增加到500～1 000只，但仍然是农户经营。③1963—1974年，这一阶段是日本鸡蛋产量增加最快的10年，养殖户联合起来成立了蛋鸡养殖中心。中心包括孵化场、饲料厂、包装中心等，每户的蛋鸡存栏量达到2 000～5 000只。④1975—1984年，这一时期形成了大型家禽中心，这些中心实现了孵化到加工出售的整个产业链，养殖户的蛋鸡存栏量达到了1万～2万只。⑤1985—1995年，出现了企业式经营的家禽中心，每个企业有4万～5万只蛋鸡。⑥1995年以后，这一时期出现了农协型一体化经营模式的蛋鸡养殖业，农协分为单协型和单协联合型。其中，单协型农协产业一体化经营指独立养鸡农户联合成立的农协，单协型农协拥有独立的饲料加工、雏鸡销售和鸡蛋处理工厂。他们向参加农协的农户提供雏鸡、饲料，然后收购农户的

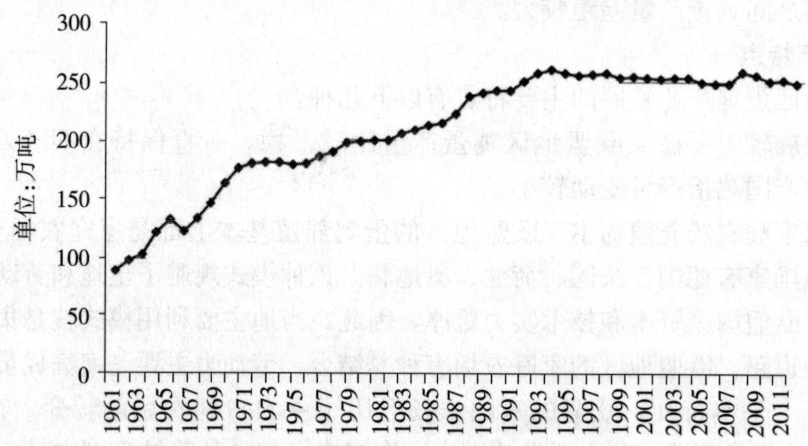

图 2-6　1961—2011 年日本鸡蛋生产量

资料来源：FAO。

鸡蛋，再经过鸡蛋加工厂的处理出售给鸡蛋批发商。协联合型产业一体化经营指若干个单一养鸡协会联合起来，使用一个共同的鸡蛋加工处理工厂，负责共同出售，而饲料工厂归某个单一协会所有。这样做的原因是企图通过联合扩大联合农业协会的竞争力。

2. 生产特点

日本的蛋鸡产业发展特点主要有以下两点。

（1）产业一体化　日本的蛋鸡养殖从 1954 年开始就实行一体化经营模式，虽然蛋鸡养殖是核心环节，但其也发展了饲料加工、雏鸡销售、鸡蛋加工厂等行业，延伸了蛋鸡养殖的产业链条，同时也提升了自身的发展能力。

（2）组织化带动　日本蛋鸡养殖非常注重组织化，从饲养互助组、养殖中心到大型家禽中心、企业式经营的家禽中心、农协型一体化经营模式，蛋鸡养殖的组织化程度不断提升，提高了蛋鸡养殖的竞争能力，同时也实现了蛋鸡养殖的集约化经营。

第二节　科技发展现状及特点

科学技术的进步与应用是推进世界蛋鸡产业发展的内在因素。随着科学研究工作和技术的推广和应用，世界蛋鸡产业的生产性能大幅度提升，有力地保障了蛋鸡产业的健康发展，较好地满足了居民对鸡蛋的市场需求。本部分重点就育种、疾病控制、营养与饲料、环境控制和蛋品加工等五个方面的科技发展和应用情况进行简要的现状分析和特点总结。

一、育　种

（一）育种现状

种鸡质量是决定蛋鸡生产潜力的关键。包括蛋鸡在内的家禽具有繁殖力高、扩繁快的优势，已在世界范围内建立了有效的杂交繁育体系，目前每年扩繁的良种蛋鸡商品代 30 亿只（其中中国 12 亿只），且生产性能不断提高。从蛋鸡年产蛋量的角度来看，1950 年，每只蛋鸡产蛋 210 枚，2000 年时每只蛋鸡产蛋 320 枚，1950—2000 年，蛋鸡年遗传进展为＋2.2 枚；从总蛋重的角度来看，1950 年平均每只蛋鸡所产鸡蛋重 12.5 千克，2000 年时平均每只蛋鸡所产鸡蛋重 20 千克，1950—2000 年年遗传进展为＋150 克。近年来，以计算机与数量遗传为主的信息技术，以基因组分析、标记辅助选择（MAS）、免疫遗传与抗病育种及转基因等为主的生物技术，以平衡育种为目标的决策技术，正日益成为现代蛋鸡育种的新型技术。同时，蛋鸡育种中的一些性状更受关注，如饲料转化效率、抗病力、免疫反应、代谢紊乱、屠体组成、应激敏感度、繁殖性能等。

（二）育种特点

目前，蛋鸡育种方面具有如下几个特点。

1. 国际蛋鸡育种主要以商业化形式运作为主

家禽育种是一项高投入、高技术、高产出、高风险的产业，因而也逐步呈现出竞争加剧的趋势。国际家禽育种公司间的竞争加剧，导致不断出现育种公司的倒闭或公司兼并重组。目前国际上蛋鸡的育种已控制在屈指可数的几个大集团手上，如海兰国际公司，罗曼公司，哈巴德-伊莎（Hubbard - ISA）、科宝（Cobb）、汉德克（Hendrix）等。

2. 商业化的育种公司以市场为导向

根据世界蛋鸡产业的市场需求研究和开发遗传产品，是商业化育种公司最主要的发展策略。这些国际蛋鸡育种公司不仅通过主动地研究和分析世界市场对蛋鸡产品的需要来确定自己的研发方向，而且在以市场为导向的基础上，加大研发投入，组建遗传学实验室，加强育种手段，推进育种科技的发展。

二、疾病控制

（一）疾病控制现状

动物疫病暴发和蔓延对人类健康具有严重的威胁性。随着多种新型动物疫病的发生，动物疫情发生的不确定性和不稳定性促使各国在动物疫病防控发面采取了积极有效的措施，投入了大量的人力、物力、财力，各国在结合本国实际国情针对不同动物疫情采取的措施和工作重点和力度方面存在一定的共性和差异性。共性表现在疫病防控重点集中在防疫，侧重点包括疫情控制、疫病治疗、疫苗研发和专业技术人才培养；差异性表现在政府经费投入力度不同、优惠政策扶持对象不同、疫苗研发针对性存在差异等。

（二）疾病控制特点

目前，蛋鸡的疾病控制方面具有如下特点。

1. 防控水平差异大

世界各国因综合国力存在差异，在动物疫病防控水平和病种消灭能力方面存在差异，这种差异程度在发展中国家和发达国家之间更加明显，发达国家得益于雄厚的经济实力和完善的法律体系，动物疫病防控工作在法律法规的强制性要求下得以顺利开展和完善；而发展中国家由于综合国力低下，政府财政不能提供足够的财政保障支持国家动物疫病防控工作按照发达国家的标准开展，在动物疫病防控和病种消灭方面，只能开展最基本的动物疫病防控知识宣传和动物疫苗接种工作，其疫病防控水平与发达国家相比存在着较大差距。

2. 防控前瞻性差异大

随着不确定动物疫病发生频率的增加，世界各国在动物疫病防控工作上均采取积极有效措施推动本国动物疫病防控和疫情监测水平迈上新台阶。从动物疫病防控发展阶段来看，发展中国家仍处在应急性动物疫病防控发展阶段，动物疫病防控工作的开展具有显著的应急性特征，动物疫病防控制度缺乏前瞻性；发达国家在动物疫病防控方面已经从应急性疫病防控阶段转入长效性疫病防控为主、应急性疫病防控为辅的新发展阶段，这些国家的动物疫病防控体系相对完善，表现出显著的前瞻性、系统性特征。

三、营养与饲料

（一）营养与饲料现状

世界饲料业的发展起源于20世纪40年代，在接下来的60多年里，全球饲料平均值以1%的速度增长，直至20世纪末亚洲经济危机等原因导致各国饲料产量减少。近些年，由于主要饲料生产国的粮食丰收为饲料产业提供了丰富和价格低廉的饲料原料，饲料产量有所恢复。

（二）营养与饲料特点

目前，蛋鸡营养与饲料具有如下特点。

1. 生产集中度高

目前世界饲料都产自于主要的几个饲料主产国，并集中在国内少数饲料企业中。

数据表明，世界上不到3 800家饲料企业生产了超过80%的饲料产品，并且饲料企业的数量还在减少，大企业不断增加。

2. 纵向一体化趋势明显

在饲料企业生产能力不增加的同时，饲料企业也在发展纵向一体化，既能解决饲料的销售问题，又能为养殖业提供自己放心可靠的饲料。

3. 产品更新快

目前大型饲料生产企业注重对科研的投入，引进高级科研人才，培育研发团队，建设研究中心，新品种产生周期缩短，效率高。

四、环境控制

（一）环境控制现状

国外环境控制技术的发展主要是针对环境控制技术的机械化、自动化的目标推进的。在20世纪70年代就开发出了采用模拟式组合仪表采集现场信息并进行指示、记录和控制的技术。20世纪80年代末期又出现可分布式控制系统。到现在为止，国外的研究主要集中在计算机数据采集控制系统的多因子综合控制系统的研究与开发。其中最具有代表性的是，荷兰爱尔达公司已经开发出了有多个控制应用程序模块构成的鸡舍控制软件包，具有能满足多种需求、功能强大、使用灵活等特性，最主要的技术工艺是为鸡舍通风窗、风机、加降温等各个环节控制设备各自独立运行提供控制程序，还针对各个设备在共同参与协调运行进行综合气候环境控制的过程开发了专业化的控制程序，大大地提高了生产效率，为企业效益的进一步增加和蛋鸡养殖规模的进一步扩大奠定了基础。还有相当部分国家朝全自动化的方向迈进。此外，国外在相关法规方面已形成了一整套规定养殖场所环境控制等方面的标准，其中，《国际动物卫生法典》就是一套较为完整的法规。

（二）环境控制特点

目前，蛋鸡的环境控制具有如下特点。

1. 配套化

由于环境控制不仅仅是针对某一个方面，需要综合考虑环境因素，因此目前的环境控制投入基本上都是以配套的形式开展的，比如水帘、刮粪板、风机等结合在一块，通过不同环境控制设备的共同作用改善舍内环境和舍外环境。

2. 自动化

目前的环境控制设备都是自动化的，在中大型蛋鸡养殖企业中已经淘汰了传统的以人工为主的环境控制手段，而且其中的一部分企业已经实现了自动化基础上的智能化，未来的环境控制设备将会更加先进。

五、生产方式

（一）生产方式现状

世界蛋鸡生产方式发生了很大变化，从以前的传统养殖到现在的现代化养殖，生产方式的转变推动了蛋鸡产业的发展。具体来看，生产形式方面从原来的自给自足的形式，发展到完全市场化的生产形式，这主要是受到鸡蛋市场化的推动；生产模式方面由原来的农户自主经营，发展到中大型蛋鸡养殖企业和养殖园区；生产组织方面由原来的散户经营，发展到以合作社、农协等组织形式的生产经营状态；饲养方式方面由纯人工养殖，发展到半自动化和自动化的局面，有些国家的蛋鸡养殖已经实现了智能化；生产资料投入方面也改变了原来的人工，逐步实现了机械化，减轻了劳动力投入压力，同时保障了蛋鸡的养殖。总的来看，生产方式的发展推动了蛋鸡产业的升级，保障了蛋鸡产业的可持续发展。

（二）生产方式特点

目前，蛋鸡的生产方式具有如下特点。

1. 规模化

从目前的世界蛋鸡养殖来看，逐步推进了规模化，且规模化的发展保障了鸡蛋的供给，同时也能够应对生产风险、市场风险等风险。而且在推行规模化的同时，大多数的国家还一并推行标准化，标准化与规模化相辅相成，共同提升了蛋鸡生产水平。

2. 组织化

单户经营的时代将要过去，组织化的程度不断提升。主要是因为养殖场（户）已经意识到自身能力有限，而且与市场竞争处于弱势地位，需要加入合作社等组织，提升组织化程度，与其他养殖场（户）共同抵御风险、提升发展能力。

3. 现代化

生产方式的现代化主要体现在饲养方式的自动化、智能化和生产资料的机械化，现代化的生产方式将成为未来发展的重点。

第三节　流通发展现状和特点

一、流通发展现状及特点

（一）流通发展现状

世界各国的养殖场都分布在城市以外，并且蛋鸡养殖的集中度越来越高，鸡蛋需要通过物流系统才能到达消费者手中。新鲜鸡蛋在运输和储藏过程都需要较严格的存放条件，不同国家对农产品物流的基础设施建设差异较大，很多发展中国家还不能实现鸡蛋运输和储藏过程中的低温控制，鸡蛋物流中的破损率和存放时间差异较大。

（二）流通发展特点

目前，世界鸡蛋流通呈现如下发展特点。

1. 鲜蛋国内流通为主，国际贸易份额较小

由于鲜鸡蛋具有保鲜期，且蛋壳在长途运输中破损的概率较高，所以在世界鸡蛋流通中，主要为各国国内鸡蛋的流通，国家间的鸡蛋流通比例较小。

2. 鲜蛋运输设备不断升级

新鲜鸡蛋在运输和储藏过程都需要较严格的存放条件，各国在鸡蛋物流条件和模式中不断更新，基础设施不断升级，使鸡蛋的运输半径和存放时间都不断增加。各国越来越重视对流通中各环节检测、操作规范、入市条件的管理。

3. 鸡蛋加工品流通不断加温

随着世界鸡蛋深加工技术的发展，鸡蛋加工品的消费不断增加，特别是近些年来发展中国家鸡蛋加工品消费增加迅速，加大了鸡蛋加工品的流通程度。

二、主要国家鸡蛋流通情况

（一）美国

美国养殖场需要对鸡蛋进行快速分级和包装，有能力的养殖场自已有冷藏车将鸡蛋运输至分级厂，分级厂对鸡蛋进行清洗后，再按鸡蛋大小、质量进行包装。鸡蛋分级后由分级厂将鸡蛋运到大型超市的仓储中心，再由大型超市分配到各自连锁门店的储存室，储存室需要足够的冷冻空间及制冷系统。

美国鸡蛋的流通特点主要有：

1. 没有垄断性鸡蛋品牌

美国虽然80%的蛋鸡养殖场蛋鸡存栏量都在5万只以上，也有不少存栏量超过百万只的大型企业，但是美国没有全国性品牌。

2. 完备的物流系统

美国使用冷链物流对鸡蛋进行运输和储藏开始较早，目前已经形成了发达的运输物流体系。各地的生产企业、分级厂、超市物流系统都配备了先进的物流设备，能够保证新鲜鸡蛋能够及时、安全、合适的输送到下一环节，并在适宜环境中储藏。政府规定鸡蛋在上市之前，蛋鸡养殖场环境、包装及运输时的温度必须保证不得超过7℃。

3. 监管严格

美国鸡蛋的安全由美国农业部进行监督，鸡蛋上市前必须送到洗蛋工厂进行处理。这种洗蛋厂有两种：①大型洗蛋厂，自动化程度较高，采用流水作业线；②小型洗蛋厂，适合于家庭养鸡场。

（二）欧盟

欧盟一些国家，在鸡蛋前期处理过程中：一部分直接在蛋鸡场使用农场包装机将鸡蛋装于蛋盘内包装，即可上市，供应市场。另外的鸡蛋，由蛋鸡场送至专门的清洗、消毒、分级包装中心做加工处理，然后销往各地超级市场。

在欧盟地区及其他一些同家，运送鸡蛋、蔬菜等不用冷藏车是违法的。包装有严格规范，一般用硬纸盒包装，分 6 个或者 10 个一盒。鸡蛋中有标码会标注相应的饲养方式、生产国、生产日期等。

（三）日本

按照鸡蛋产品形态可将日本鸡蛋的流通途径分为两条：①鲜蛋流通。鲜蛋从养殖场出来后，进入鸡蛋分级包装处理中心进行清洗和分级，经过包装后进入销售渠道。其中小包装产品会进入零售终端，大包装产品则进入加工企业或餐饮场所（宾馆、食堂）。②蛋液流通。这也是日本鸡蛋的一种主要流通方式。有 20％的鸡蛋通过打蛋厂加工成液蛋，作为多种食品的原料。打蛋厂有消费型和产地型两种，消费型打蛋厂从鸡场购入不需清洗的鸡蛋及正常蛋生产，与产地型打蛋厂相比，有时使用的蛋保管时间较长。

日本的鸡蛋流通主要呈现如下三个特点。

1. 流通时间较长

日本鸡蛋流通经过的环节较多，鸡蛋基本没有从养殖场直接到达消费者手中的，都要经过分级包装处理中心或打蛋厂的处理。在鲜蛋流通方式中，鸡蛋在分级包装处理中心需要 1～2 个工作日的处理，再通过流通商分销到消费者手中，至少需要 1 周时间，有时甚至需要 2～3 个月。

2. 食品安全有保障

虽然流通环节较多，时间较长，但是日本鸡蛋都要经过分级包装处理中心或打蛋厂环节（有时候两者为一个加工主体）。分级包装处理中心管理严格，进入处理中心的鸡蛋都需确认鸡场名、送货人姓名、数量、重量，并经过洗蛋、干燥、检蛋、分级、包装等过程，集中管理能够保障鸡蛋加工的安全性和统一性，使鸡蛋经过较长时间的流通过程也能保障质量。

3. 组织化程度高

按照日本蛋鸡养殖业的不同模式，日本龙头企业通过合同的形式，为农户提供鸡苗、饲料、销售渠道等，与农户建立关系。农户按照龙头企业的要求和规范生产鸡蛋，龙头企业回收农户生产的鸡蛋，进行加工和流通。

第四节 加工业发展现状和特点

一、加工业发展现状及特点

(一) 蛋品加工业现状

世界蛋品工业的发展已有百年的历史，随着蛋品深加工科技水平的不断提高，逐步形成了专业化、机械化、规模化、集约化的生产模式。目前，美国、日本、加拿大、意大利、澳大利亚、德国等发达国家的养禽业和蛋品加工业已形成现代化的大工业生产体系。各国的蛋品市场也大有改观，经过初级加工或深加工的半成品、再制品和精制品，以及以禽蛋为主要原料的新产品不断涌入市场。

由于文化传统、饮食习惯的不同，液体蛋、冰冻蛋、专用干燥蛋粉等成熟加工技术在欧美国家比较普及，并且都有上百年历史的发展与变革。其中，蛋粉干燥技术是1865年的美国专利，蛋品冷冻技术发明于1890年，经过低温消毒的液体蛋加工技术于1938年在欧洲就已完全具备商品化生产的能力。液体鲜蛋是鸡蛋打蛋去壳后，将蛋液经一定处理后包装冷冻，代替鲜蛋消费的产品，可有效地解决鲜蛋易碎、难运输、难贮藏的问题。

在洁蛋的清洗、消毒、分级、包装方面，早在半个世纪前的美国、加拿大及一些欧洲国家就开始了，这些国家目前市场上几乎全部都是包装洁蛋。在美国，所有进入超市的鲜蛋，都经过了清洗、消毒，然后按一定的重量将蛋分为特级、大、中、小四个等级，并经过检测，符合卫生质量标准的才准许进入市场。现在亚洲的日本、新加坡、马来西亚、中国台湾等70%以上的鸡蛋经过清洗、消毒。

在蛋品加工机械与自动化方面，世界上目前已有许多的蛋品加工处理机械制造厂，如荷兰的MOBA公司，美国的Diamond Systems公司、日本的NABEL与KYOWA公司等。这些设备根据使用者的目的而进行不同的组合，以达到最经济、最有效率的结果。以处理量而言，目前世界上最大的处理设备是美国的Diamond公司制造的设备，最快处理能力可达144 000枚/小时。

目前，美国、日本、法国、意大利、澳大利亚、加拿大、德国等国家的鲜蛋自动处理程度和技术水平很高。这些国家的蛋鸡养殖场都具有一整套自动化禽蛋集蛋设备和鲜蛋处理系统，将各环节和鲜蛋处理有机结合成一套自动化管理系统，全程都是自动化操作。禽蛋产出后落入输运带，送至验蛋机，剔除破壳蛋，进入洗蛋机自动清洗，再送向禽蛋处理机，可自动涂膜、干燥等，最后进入选蛋机进行自动检数、分级和包装，利于为鲜蛋销售和蛋品加工提供优质原料。

(二) 蛋品加工特点

目前，蛋品加工业方面具有如下特点。

1. 向精深加工方向转变

在满足蛋品清洗、消毒、分级的鲜蛋加工基础上，国际上进一步加强鲜蛋加工技术的研究，采用先进技术，不断提高蛋品深加工率，为医药和食品加工业提供原料。

2. 鸡蛋废弃物加工利用率不断提高

除了对鸡蛋本身营养的利用外，在加工的基础上，发达国家逐步重视鸡蛋废弃物的加工和利用，特别是在蛋壳的利用方面，进一步采用先进技术，加强蛋壳的综合利用水平，扩大鸡蛋废弃物的利用途径。

3. 蛋品加工系统化和自动化程度日益提高

美国等发达国家不仅注重蛋品加工的技术研究，而且加强蛋品加工机械设备的同步研发和利用。目前，蛋品加工的系统化成型，已经形成了较为完备的加工体系。同时，发达国家的蛋品加工自动化程度也日益提高，形成了蛋品检测、分级、加工、包装、储藏等环节的智能化。

二、主要国家鸡蛋加工情况

美国和欧盟地区是世界上主要的鸡蛋加工国家和地区，因此，本部分仅对美国和欧盟的鸡蛋加工情况进行梳理。

（一）美国

禽蛋产业在美国经济中占有重要的地位，作为世界第二大禽蛋生产国家，美国禽蛋加工业十分发达，巴氏杀菌液蛋等蛋制品比例比较高。根据美国农业部（United States Department of Agriculture，USDA）统计数据分析结果，2012 年美国有约 68.01%的商品蛋进入商品零售领域，32.08%经打蛋器加工后用于蛋制品生产，6.50%进入食品服务领域，2.41%的鸡蛋进入出口领域。

美国在鸡蛋加工方面采取严格的安全控制措施，以保证鸡蛋从生产、流通、加工、消费各个环节上的质量安全。与此同时，为提高鸡蛋流通效率，美国政府制定了一系列政策完善蛋鸡市场体系，建立鸡蛋加工中心，以促进蛋鸡深加工的发展。爱荷华州是美国蛋品生产和加工最大的州，2008 年蛋品行业中心在爱荷华州立大学成立，该中心的宗旨是通过在养殖设施、蛋品生产与加工方面的研究来加强国际合作、促进蛋品加工业的发展。从全球鸡蛋加工制品总量来看，全球生产的鸡蛋总量中，有 7%的鸡蛋用于加工蛋制品；从加工比例来看，美国的鸡蛋加工比例为 30%左右，日本的鸡蛋加工比例为 50%，欧洲为 26%，拉丁美洲为 7%，中国为 1%，与其他国家相比，美国的鸡蛋加工率处于中等水平。

（二）欧盟

欧洲鸡蛋产品深加工起步较早，早在 1938 年欧洲就已完全具备低温消毒的液体蛋商品化的加工生产能力。欧洲许多国家的蛋类制品的品种主要是鲜蛋、洁蛋、液体蛋和蛋类其他深加工产品。近几年，许多新技术，如超临界流体萃取技术、膜分离技术、色谱分离技术、酶技术、超微粉碎技术等在欧盟也得到了广泛应用。

欧洲拥有众多大型全球化的禽蛋加工企业。在欧洲蛋品消费中，欧洲有20%～30%的鸡蛋是以工业化深加工以后的形式进行消费。虽然低于日本50%的水平和美国30%的水平，但仍远高于我国仅1%的水平。

欧盟在蛋制品加工时，要求蛋制品加工厂必须保证工厂合理构建和装备，以保证工厂能够对脏蛋进行清洗、干燥和消毒；并且能够保障碎蛋、蛋壳和蛋膜的合理处置，以免交叉污染。在原料投入上，欧盟要求加工厂必须做到蛋壳必须完全去除，不能有蛋壳碎渣；同时规定破裂的鸡蛋也可以用来加工成蛋制品，但是这些破裂的壳蛋必须直接运到加工厂，并且到加工厂后应尽快打碎、加工。

第五节　消费发展现状和特点

一、消费发展现状及特点

（一）世界鸡蛋消费总体情况

鸡蛋是人类的主要蛋白质来源，在世界各地都是重要的食品原料。按照世界人口数量为70亿计算，2011年全球消费总量大约是11 950亿枚，相当于人均年消费鸡蛋173枚。目前人类平均鸡蛋消费还处于上升阶段。

（二）世界鸡蛋消费特点

目前，世界鸡蛋消费呈现如下特点。

1. 国家间消费数量有差异

不同国家之间因为饮食结构和消费偏好不同，对于鸡蛋的平均消费量具有较大差异。人均GDP比较高、比较富裕的国家，人均消费鸡蛋数量也比较高；而传统食品倾向于禽类产品的国家，鸡蛋消费的增长速度也较快。

2. 鸡蛋消费的方式差异较大

因不同国家饮食习惯的差异，对鸡蛋的处理方式有所不同。发展中国家消费以新鲜鸡蛋为主，而发达国家消费鸡蛋加工品的比例更大。几乎所有的禽蛋加工厂都设在北美、日本和欧洲。这些国家把世界30%禽蛋加工成禽蛋制品，并且还在继续增长。

3. 鸡蛋品牌化发展程度不同

发展中国家鸡蛋消费还是以散装鸡蛋为主，鸡蛋很少经过加工处理。发达国家鸡蛋产品都是有品牌、有标准、有生产日期的品牌鸡蛋；其中，45%是以液蛋形式出售到食品加工企业和餐馆，其余部分是以包装鸡蛋出售给消费者。

二、主要国家消费发展情况

（一）美国

美国畜牧养殖业发展较快，对鸡蛋的依赖性降低，1961年以来，美国人均鸡蛋消费以下降为主（图2-7）。在2009年美国蛋类食用消费量为432.5万吨，占当年产量80.86%，人均蛋类消费量为14.1千克（约为233枚），与20世纪90年代初期水平相同。

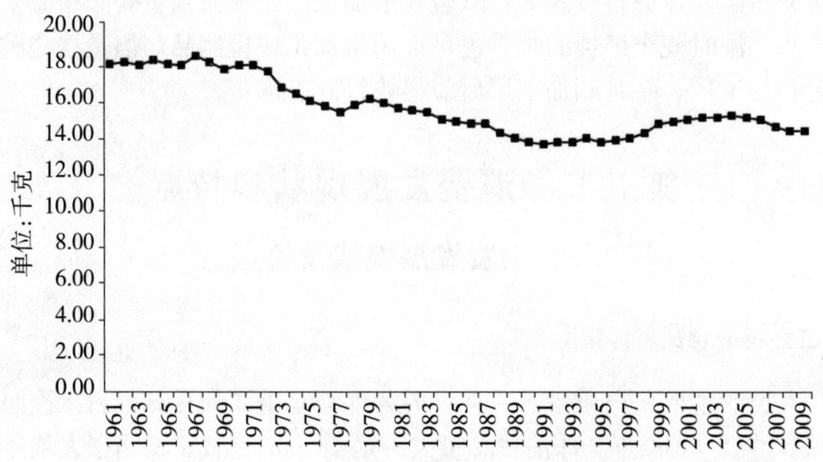

图2-7　1961—2009年美国每年人均蛋类消耗量

数据来源：FAO。

目前，美国鸡蛋消费的主要特点有：

1. 产品分级

美国市场的鸡蛋都按照大小进行分级，主要分为6个级别（表2-2）。

表2-2　美国市场鸡蛋分级情况

规格	单蛋重量（克）
特大（jumbo）	71以上
超大（very large or extra-large，XL）	64～71
大（large，L）	57～64
中（medium，M）	50～57
小（small，S）	43～50
特小（peewee）	43以下

数据来源：美国农业部，AC尼尔森（http：//wenku. baidu. com/view/022a520d581b6bd97 f19eac0. html）。

2. 鸡蛋包装

表2-3为AC尼尔森公司的一个调研统计——美国超市中不同规格鸡蛋包装的市场份额。可以看出，12～18枚装鸡蛋是市场的主体，说明美国消费者在购买鸡蛋时还是倾向于选择小包装鸡蛋，鸡蛋消费以追求新鲜为主。

表2-3　美国超市鸡蛋包装规格及市场比例

包装规格（枚）	市场比例（%）
6	1.7
12	61.3
18	28.1
30	5.5
60	1.9
其他	1.5

数据来源：AC尼尔森。

3. 加工品比例较大

在美国蛋类消费中，大部分为鲜蛋，约为全部蛋品的70%。其余30%为蛋类深加工产品，包括全蛋液、蛋白液、蛋黄液、全蛋粉、蛋白粉、蛋黄粉等产品。

4. 使用量大

美国很多食品，特别是烘焙食品中，鸡蛋使用量非常大。

5. 消费信息公开

美国的鸡蛋包装产业成熟，消费者在超市购买盒装鸡蛋时，鸡蛋产地和供应商等信息都会印在包装上，一目了然。

6. 相关管理机构辅助市场

美国政府通过专门机构来研究鸡蛋和蛋制品的生产和加工，对鸡蛋消费进行宣传。其中，美国蛋品委员会就是专门宣传、研究、推广蛋品工业的协会，主要开展蛋品广告活动、蛋品营养与食品安全活动、蛋品消费教育等；设于华盛顿的鸡蛋营养中心也定期与企业、媒体等提供鸡蛋营养和健康方面的科学信息；鸡蛋安全中心则为鸡蛋安全中心的下属机构，为相关部门提供与鸡蛋相关的确切、及时的安全信息，监控蛋鸡相关疾病。同时，美国政府还有一些食品安全教育的合作伙伴来宣传包括鸡蛋在内的食物妥善处理。

（二）欧盟

欧盟鸡蛋人均消费量在1961年以来未发生大幅度变动（图2-8）。在1985年人均消费量达到最高值，年消费量为14.0千克。随后，欧盟人均鸡蛋消费量开始缓慢下降并趋于平稳，在2009年欧盟年人均鸡蛋消费量为12.0千克，总消费量约为606.0万吨。

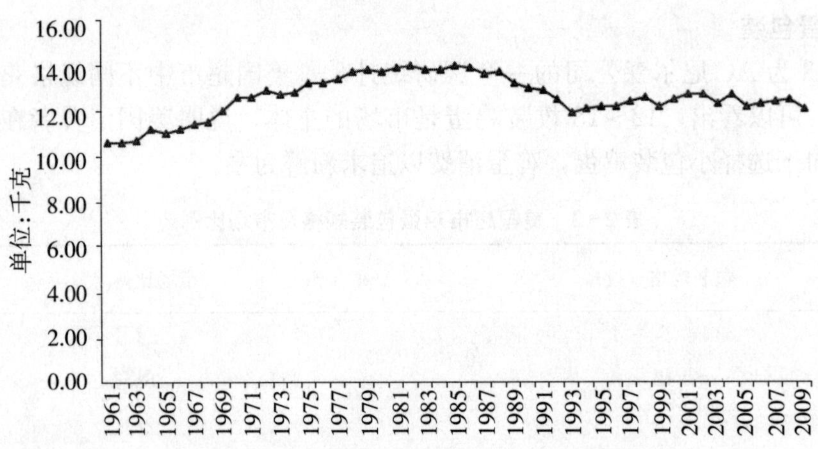

图 2-8　1961—2009 年欧盟每年人均蛋类消耗量

数据来源：FAO。

欧盟鸡蛋的消费特点主要有以下几点。

1. 产品分级

在欧盟国家中，鸡蛋主要以包装好的形式出现在市场中。与美国相同，欧盟对鸡蛋的规格进行了严格的界定，界定方式见表 2-4。

表 2-4　欧盟市场鸡蛋分级情况

规格	重量（克）
超大（XL）	73 以上
大（L）	63～73
中（M）	53～63
小（S）	53 以下

2. 消费者对鸡蛋品质要求较高

欧盟国家的居民人均收入较高。一项消费者调研结果显示，大多数国家消费者愿意为获得更高品质的鸡蛋而支付更高的价格。虽然每个国家的比例不同，但比例最小的国家也有 68%的消费者愿意支付。

3. 消费者对鸡蛋认识较高

欧盟国家消费者教育水平较高，对鸡蛋的营养认识到位，对鸡蛋的消费方式比较客观科学。如德国人并不认为双黄鸡蛋就是好的。产生双黄蛋的原因，一是遗传因素，二是受惊吓或激素影响。如果是后者，营养价值反而降低，所以人们并不会特意购买双黄蛋。对于大批量的双黄蛋，管理部门还要进一步检查其激素含量。

（三）日本

日本人均蛋类消费在 1961 年以来也呈上升趋势，总体上可以分为两个上升和两个平稳时期（图 2-9）。第一个上升时期为 1961—1970 年，人均消费量由 9.00 千克上升到16.5千克，涨幅为83.33%，是日本近50年鸡蛋消费增长速度最快的时期。1971—1985年，日本人均鸡蛋消费又进入一个平稳发展期，这15年的时间人均消费量只增加了0.5千克。1986—1993年，日本人均蛋类消费量又进入一个上升期，1993年时人均鸡蛋消费量上升到20.2千克。在接下来的近20年时间里，日本人均鸡蛋消费量又进入一个平稳发展时期，这一时期的人均消费量略有下降，但是幅度很小。另外，因为美国蛋类消费量从1971年开始下降，与此同时日本人均蛋类消费量迅速上升，从1974年开始，日本蛋类消费量开始超过美国，成为世界人均蛋类消费最多的国家，一直到2009年还一直处于世界第一的位置。

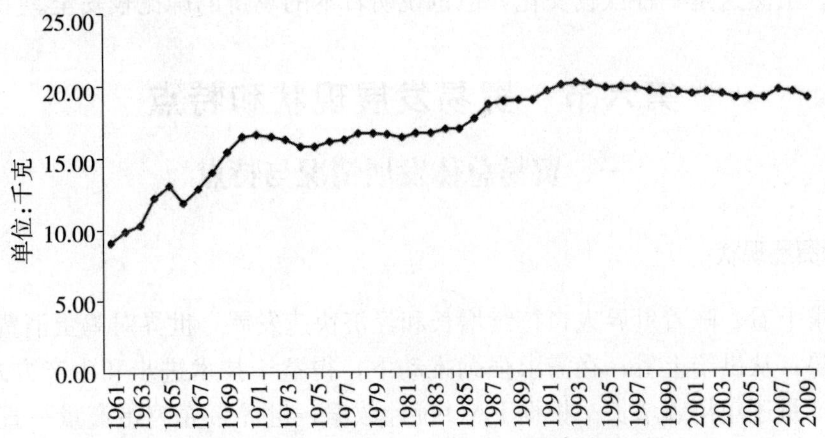

图2-9　1961—2009年日本每年人均蛋类消耗量

数据来源：FAO。

日本在蛋类消费方面的主要特点有以下几点。

1. 产品分级

日本鸡蛋分级与美国类似，共分为6个级别（表2-5）。

表2-5　日本市场鸡蛋分级情况

规格	单蛋重量（克）
超大（LL）	69以上
大（L）	63～69
中（M）	57～63
偏小（MS）	51～57
小（S）	45～51
超小（SS）	45以下

2. 对消费本国产品意识的强化

日本重视宣传来创造农产品的品牌效应，注重宣传农产品生产过程的重要性，竭力赞扬本国农产品的美味、营养价值与安全性。另外，日本的农业生产不片面追求高产，而是不惜成本地提高产品的营养成分，改善口感。在超市里，用粮食饲料饲喂产出的鸡蛋要比用普通饲料饲喂产出的鸡蛋贵 3～4 倍，但依然卖得很好；而那些用普通饲料饲喂产出的鸡蛋价格便宜，反而还需要靠打折来招揽顾客。

3. 产品科技

日本蛋品行业积极开发高附加值的产品，以满足不同消费者的需求，例如，在饲料中添加益生菌和特殊营养素，用以提高鸡蛋的附加值。

4. 生食鸡蛋

日本人吃鸡蛋，除了煎、炒、煮，还会生吃。将生鸡蛋打在热米饭上，浇点酱油搅拌即可。虽然这是一种饮食文化，但也说明日本的鸡蛋的确比较安全。

第六节　贸易发展现状和特点

一、贸易总体发展情况与特点

（一）贸易现状

从需求上看，随着世界人口持续增长和经济快速发展，世界对鸡蛋消费需求呈逐步增长态势；从供给上看，在需求强劲推动下，得益于技术进步和生产方式的创新，世界鸡蛋产量逐年持续增长。根据 FAO 统计数据，世界带壳鸡蛋产量一直呈现逐步增长趋势，产量从 1961 年的 1 440 万吨增长到 2011 年的 6 500 万吨，50 年增长了 4.51 倍。随着鸡蛋产量的不断增长，世界鸡蛋贸易量和贸易额也随之增长，2000—2010 年世界鸡蛋制品进出口贸易情况见图 2-10。自 2000 年以来，世界鸡蛋制品的总进口量和总出口量持续保持增长趋势，从总体趋势上看，2000—2007 年世界鸡蛋

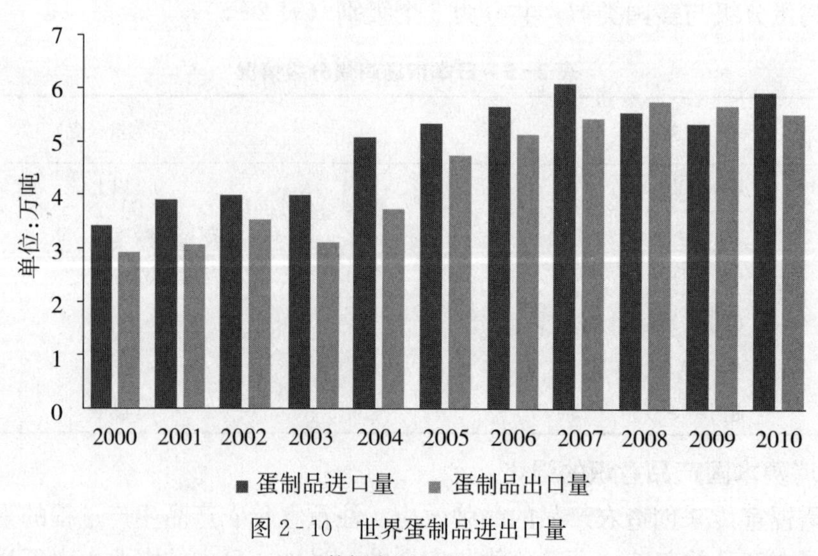

图 2-10　世界蛋制品进出口量

数据来源：FAO。

制品的总进口量一直高于总出口量水平，进出口量均不断增长，且进口量与出口量的差距在逐年缩小，由进口量大于总出口量向总进口量小于总出口量转变；2008 年世界鸡蛋制品进口量为 5.76 万吨，出口量为 5.56 万吨，净进口量为 0.20 万吨。

（二）贸易特点

1. 进出口走势趋同

根据 FAO 统计数据（图 2-11），从世界禽蛋产品（包括液态蛋、带壳鸡蛋和鸡蛋制品）进出口额变化来看，世界禽蛋产品进出口额走势基本上一致，两条曲线的重合特征明显，只是从 2008 年起，世界禽蛋产品进出口额曲线开始出现分叉，从整体上表现出禽蛋产品出口额大于进口额的趋势；但就进口额和出口额差值的绝对值来看，两者的差别并不太大。根据 FAO 统计数据，1961 年世界禽蛋产品进口额 3 240 万美元，出口额为 3 280 万美元，进出口贸易顺差为 460 万美元；2010 年世界禽蛋产品的进口额为 38.855 亿美元，出口额为 40.294 亿美元，进出口贸易顺差为 1.438 亿美元，同 1961 年相比，世界禽蛋产品的进口额增长了 35.619 亿美元，近五十年增长了 11.12 倍；世界禽蛋产品的出口额增长了 37.012 亿美元，近 50 年增长了 11.28 倍，进出口额相同的增长幅度在一定程度上反映出世界禽蛋产品进出口的基本平衡特征。

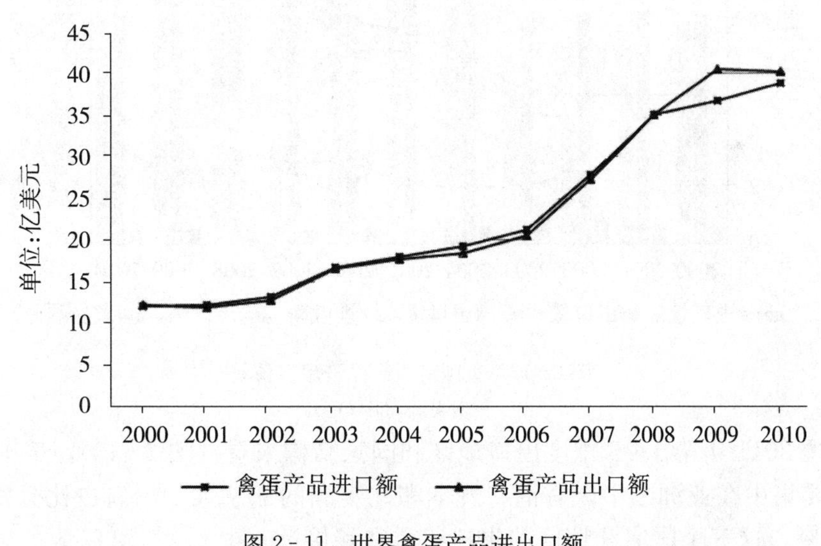

图 2-11　世界禽蛋产品进出口额

数据来源：FAO。

2. 贸易市场分布集中

从世界禽蛋产品市场分布来看，全球禽蛋产品进口较为集中，主要分布在欧洲和亚洲，大洋洲虽然也有分布，但是与亚洲和欧洲相比，大洋洲的禽蛋产品进出口量相对较少。

在出口方面，1961 年以来，世界禽蛋产品贸易总额和贸易总量总体上呈逐年上升趋势。从禽蛋产品出口区域分布来看，1961 年亚洲禽蛋鸡蛋出口量为 7.30 万吨，占全球出口量的 12.48%；欧洲禽蛋产品出口量约为 45.47 万吨，占全球比重的 77.68%；美洲禽蛋产品出口量约为 2.97 万吨，占世界禽蛋产品出口总量的 5.08%；大洋洲禽蛋产品出口量为 1.60 万吨，占全球总量的 2.74%。

二、主要国家鸡蛋贸易情况

（一）美国

根据 FAO 统计数据（图 2-12），2010 年美国禽蛋产品（包括蛋制品、液态蛋、禽蛋产品）进口量为 7 504 吨，比上一年增长了 41.29%；出口量为 11.64 万吨，比上一年增长了 1.26%；进口额为 0.337 亿美元，比上一年增长了 37.94%；出口额为 3.448 亿美元，比上一年增长了 3.74%。2010 年美国禽蛋产品的贸易顺差为 3.11 亿美元，净出口量为 10.89 万吨。

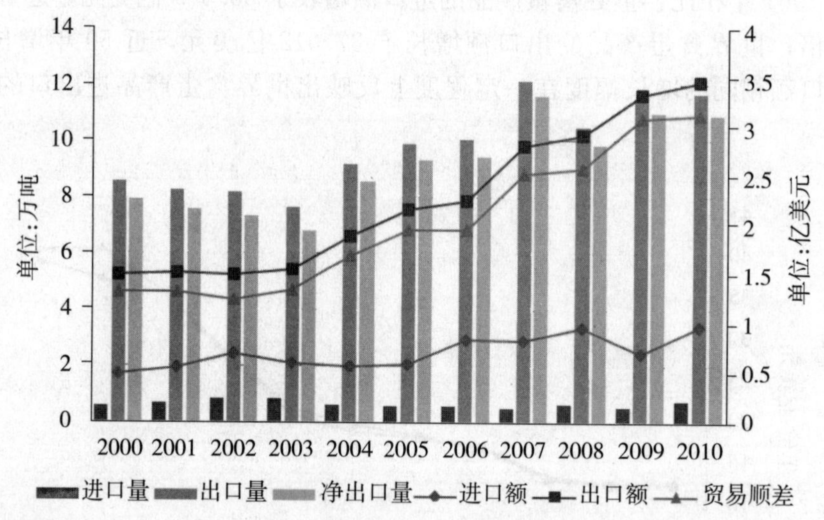

图 2-12 美国禽蛋产品进出口贸易

数据来源：FAO。

从美国 2011 年第 1～3 季度出口地区和国家结构来看（图 2-13），美国禽蛋出口目的地主要集中在亚洲的中国香港、日本和北美洲的加拿大，出口占比分别为 14%、19%和 15%，这三个国家和地区的出口比重之和接近一半。

美国鸡蛋贸易的总体特点有以下几点。

1. 贸易规模不断扩大

根据 FAO 统计数据，美国禽蛋产品对外贸易规模逐年持续扩大，从进口额和出口额的增长趋势可知，美国禽蛋产品进口额在 2005—2010 年增长幅度并不显著。相比而言，出口额规模则表现出逐年扩大的特点，尤其在 2007 年的禽蛋产品出口额增长幅度最快，约为 5%。从总体上看，美国的禽蛋产品的对外贸易规模增长趋势十分明显。

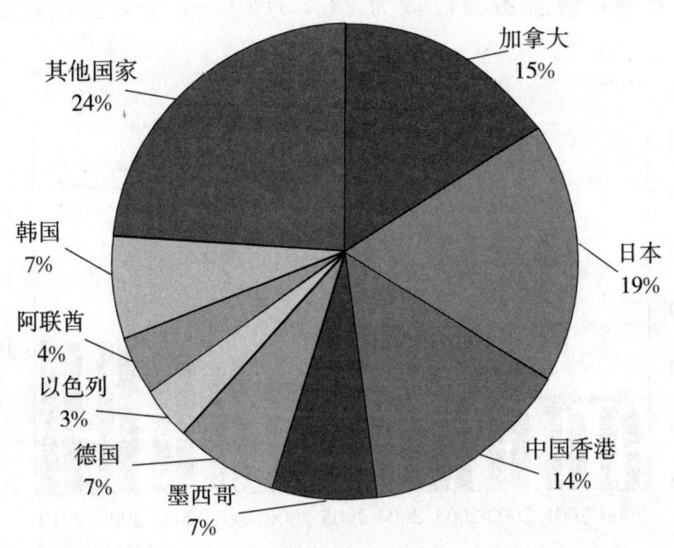

图 2-13　2011 年美国禽蛋产品出口市场分布

数据来源：FAO。

2. 贸易顺差和净出口量持续增长

根据 FAO 统计数据，美国禽蛋产品贸易顺差和贸易净出口量常年保持正数，且进出口差额保持较高水平状态。从 2005—2010 年美国禽蛋产品贸易顺差走势和净出口走势（图 2-12）可知，贸易顺差和净出口量保持增长的势头强劲，虽然在 2008 年贸易顺差增长率和净出口增长率出现负增长现象，但随着世界经济复苏，贸易顺差和净出口量依然保持着较快增长势头。

3. 出口市场集中在亚洲、欧洲和北美洲

根据 FAO 统计数据（图 2-13），美国禽蛋产品出口市场主要集中在亚洲、美洲和欧洲市场，其中亚洲市场主要集中在中国香港、日本、阿联酋，2010 年美国禽蛋产品出口到中国香港的出口份额占 7%，日本占 11%，阿联酋占 3%；美国禽蛋产品出口到欧洲市场主要集中在乌克兰、英国、德国，在美国出口的所有禽蛋产品中，乌克兰占 3%，英国占 3%，德国占 6%；在美洲市场，美国禽蛋产品出口市场主要集中在墨西哥、牙买加、加拿大，在美国出口禽蛋产品中，输送到牙买加的禽蛋产品占 5%，输送到加拿大的禽蛋产品占 20%。

（二）欧盟

德国是世界上最大的禽蛋进口国，其次是法国和荷兰。

2010 年，欧盟禽蛋产品进口量为 126.9 万吨，出口量为 154.5 万吨，进口额为 23.143 亿美元，出口额为 22.440 亿美元；禽蛋产品贸易顺差为 0.703 亿美元，贸易额为 45.583 亿美元，占世界比重 62.01%。在对外贸易的禽蛋产品中，禽蛋制品进口量为 3.9 万吨，液态蛋进口量为 23.7 万吨，带壳禽蛋进口量为 99.9 万吨；禽蛋产品出口量为 2.7 万吨，液态蛋出口量为 23.7 万吨，带壳禽蛋出口量为 128.1 万吨（图 2-14）。

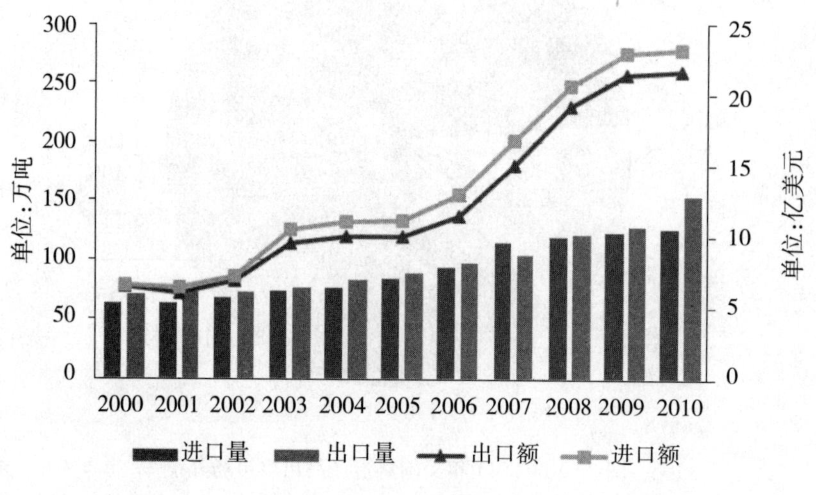

图 2-14 欧盟禽蛋产品进出口贸易
数据来源：FAO。

欧盟鸡蛋贸易的主要特点有：

1. 贸易量保持增长态势

欧洲是世界禽蛋产品进口和出口的主要市场之一。1961—2010 年世界禽蛋产品进口量和出口量排名中，欧洲始终保持第一的位置，其中欧盟对欧洲禽蛋进出口贸易的增长和保持高水平状态运行发挥着重要作用。就欧盟禽蛋产品净出口量变化走势看，欧盟禽蛋产品进口量和出口量均保持逐年增长趋势，除了 2007 年出口量小于进口量以外，其他年份的出口量均大于进口量，且 2010 年出口量大于进口量的绝对值最大。所以，欧盟禽蛋产品净出口量除了在 2007 年出现负值以外，其他年份均在水平轴以上。从整体上看，欧盟地区禽蛋贸易量保持增长态势明显。

2. 贸易顺差保持平稳增长

随着欧盟禽蛋产品对外贸易规模的扩大，贸易顺差趋势呈现稳步增长的特征。就欧盟禽蛋产品贸易顺差曲线（图 2-15）可知，2005—2010 年欧盟禽蛋产品贸易顺差持续保持正数，即禽蛋产品贸易出口额高于进口额；且随着贸易规模的扩大和贸易额的增长，欧盟禽蛋产品贸易顺差增长趋势显著。

（三）日本

日本是世界上主要的禽蛋生产国，同时也是禽蛋产品的主要进口国。根据 FAO 统计资料显示，1961 年日本禽蛋产品进口量为 116 吨，占世界禽蛋产品进口总量的 0.02%；出口量为 7 349 吨，占世界禽蛋产品出口总量的 1.26%；2010 年日本禽蛋产品进口量为 1.54 万吨，占世界禽蛋产品进口总量的 0.77%；出口量为 892 吨，占

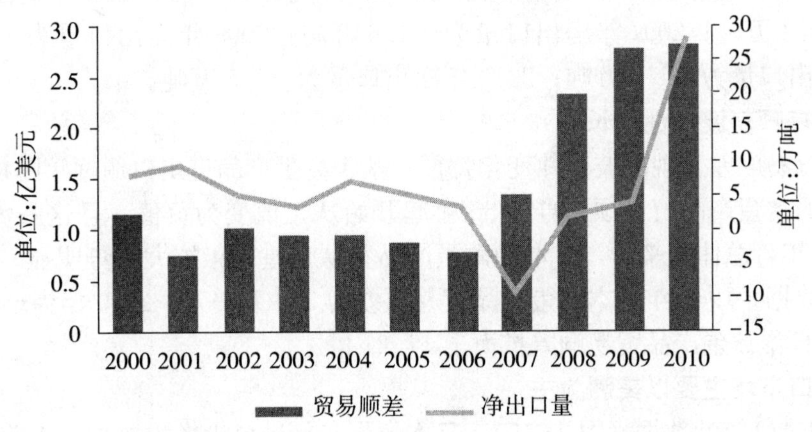

图 2-15　欧盟禽蛋产品贸易顺差和净出口量

数据来源：FAO统计数据库。

世界出口总量的 0.04%。

随着日本经济社会发展和人口的持续增长，日本禽蛋对外贸易呈逐年增长趋势。2010 年日本禽蛋产品进口量为 1.54 万吨，占世界禽蛋产品进口总量的 0.77%；其中，蛋制品进口量为 5 千吨，液态蛋进口量为 9.6 千吨，带壳鸡蛋为 809 吨。2010 年日本禽蛋产品出口量为 892 吨，占世界禽蛋产品出口总量的 0.04%；其中，蛋制品出口量为 14 吨，液态蛋为 6 吨，带壳鸡蛋为 872 吨。

日本禽蛋的贸易主要呈现如下特点。

1. 对外贸易以进口为主

日本虽然是世界禽蛋产品生产大国，但是在禽蛋产品消费和贸易方面，日本禽蛋产品对外贸易以进口禽蛋产品为主。从日本禽蛋产品进口量变化、出口量变化和净出口量曲线走势（图 2-16）来看，日本禽蛋出口量基本保持不变，2005—2010 年基本维持在 200 吨左右，出口量则远远高于进口量。2005 年日本禽蛋产品进口量为

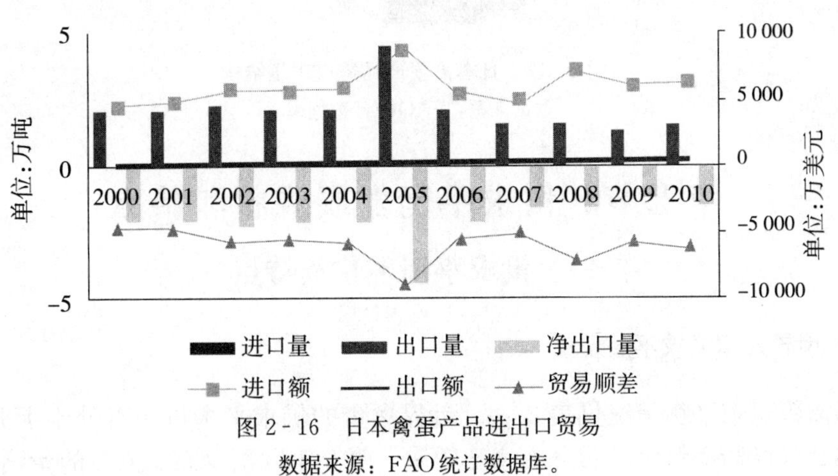

图 2-16　日本禽蛋产品进出口贸易

数据来源：FAO统计数据库。

4.4 万吨，出口量为 192 吨，净出口量为－4.4 万吨；2006 年以后日本禽蛋产品净出口量为－2.1 万吨；2007 年净出口量为－1.6 万吨；2008 年净出口量为－1.6 万吨；2009 年净出口量为－1.3 万吨；2010 年净出口量为－1.5 万吨。

2. 贸易顺差波动性增长

日本贸易顺差表现出波动性变化特征。基于禽蛋产品进出口额逐年随机变动的特征，日本的禽蛋产品贸易顺差自 1965 年起开始从正值变为负值，且这一负值一直维持到 2010 年，总体上来看，日本的禽蛋产品贸易顺差逐年扩大趋势明显。根据 FAO 统计资料数据，1961 年日本禽蛋产品贸易顺差为 369 万美元，2010 年为－5 990 万美元，49 年日本禽蛋产品贸易顺差扩大了 17.21 倍。

3. 进口市场主要以美洲为主

根据FAO统计数据（图2-17），日本禽蛋产品进口市场主要来自于美国、泰国、印度、德国、中国、加拿大、巴西。其中，美国是日本禽蛋产品进口的主要来源地。2010 年日本进口的禽蛋产品中，61%来自美国，17%来自中国，9%来自泰国，5%来自巴西，4%来自加拿大，3%来自印度，1%来自德国。

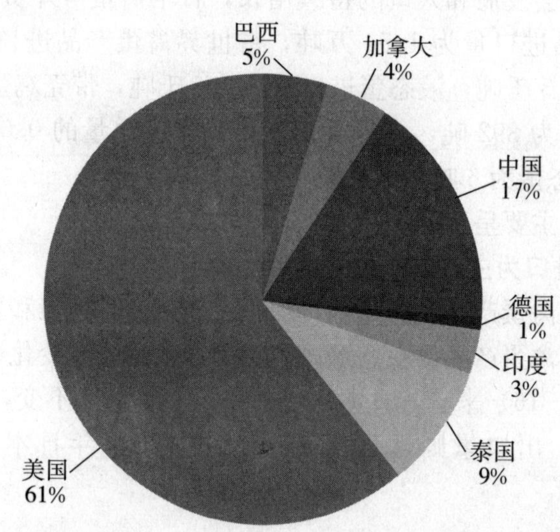

图 2-17　日本禽蛋产品进口市场结构

数据来源：FAO 统计数据库。

第七节　供求平衡发展现状和特点

一、供求平衡现状及特点

（一）世界鸡蛋供求平衡现状

世界禽蛋供求平衡情况见表 2-6。世界禽蛋的供求平衡量一直处于上升的趋势，尤其是在 20 世纪 80 年代以后发展速度较快，每 5 年以至少 500 万吨的量增加。从供给的角度来看，禽蛋年生产量约 10 年 1 000 万吨的增加速度上升，出口量要比进口量多，这说明在运输过程中的损耗还是比较严重的；从需求的角度来看，禽蛋消费主要以食品消费为主，其次是种蛋需求，然后是鸡蛋的浪费，浪费的量已经超过了 300 万吨。此外，在世界的需求中，鸡蛋作为饲料进行消费的情况虽然少，但也处于上涨的趋势。

表 2-6 世界禽蛋供求平衡（万吨）

年份	生产量	进口量	存量变化	出口量	供求平衡量	饲料	种蛋	浪费	食品	其他
1961	1 508.36	58.74	−1.08	61.63	1 504.38	0.30	63.47	49.16	1 388.05	3.40
1965	1 681.94	42.26	−2.20	43.76	1 678.24	0.38	77.32	55.26	1 541.53	3.80
1970	2 034.09	49.72	−1.80	52.06	2 029.95	0.48	97.96	66.70	1 860.15	4.70
1975	2 315.74	59.35	2.83	63.57	2 314.35	0.56	115.49	82.05	2 110.21	6.06
1980	2 727.95	84.30	0.05	89.31	2 722.98	0.98	156.90	100.97	2 455.84	8.13
1985	3 237.57	84.62	0.61	89.92	3 232.88	0.56	183.38	121.56	2 913.55	13.66
1990	3 723.30	95.33	0.98	104.64	3 714.98	0.37	227.23	147.34	3 316.90	23.70
1995	4 661.59	92.57	−0.34	102.81	4 651.02	3.00	282.76	193.09	4 131.27	41.03
2000	5 496.24	111.60	1.49	124.21	5 485.11	3.62	322.63	238.49	4 874.30	46.68
2005	6 104.31	145.31	0.01	157.90	6 091.73	5.28	376.20	271.61	5 385.90	56.51
2009	6 798.27	187.34	−0.61	231.63	6 753.37	6.60	434.53	312.25	5 929.11	71.56

就 2009 年的情况来看，世界禽蛋供求平衡量约为 6 753.37 万吨。从供给的角度来看，禽蛋的生产量约为 6 798.27 万吨，比供求平衡量高 44.90 万吨，进口量和出口量分别达到 187.34 万吨和 231.63 万吨；从需求的角度来看，食品消费仍然是禽蛋消费的主体，2009 年的消费量达到 5 929.11 万吨，其次是种蛋和浪费的禽蛋，两者在 2009 年分别达到 434.53 万吨和 312.25 万吨。

(二) 世界鸡蛋供求平衡特点

目前，世界鸡蛋供求平衡情况呈现如下特点。

1. 持续上升

从目前的世界蛋禽养殖来看，禽蛋的供求平衡量一直处于上升趋势，且供给指标中的生产量、进口量、出口量都是持续上涨，需求中的饲料、种蛋、浪费、食品和其他需求也都是持续上涨。

2. 损耗、浪费严重

从历年的鸡蛋进出口量来看，存在 40 多万吨的损耗，更为严重的是每年还有 300 多万吨的禽蛋浪费，这不仅是对禽蛋的浪费，也是对饲料、粮食等其他资源的浪费。

二、主要国家鸡蛋供求平衡现状及特点

（一）美国

美国禽蛋供求平衡量整体呈现上升趋势，但略有波动，波动时期出现在20世纪70、80年代（表2-7）。从供给来看，美国禽蛋生产量变动不大，2009年比1961年仅增加了165.25万吨，其进出口一直保持顺差的发展态势。从需求来看，禽蛋消费主要以食品消费为主，其次是种蛋需求，然后是鸡蛋浪费，浪费量比较少，一直保持在9万～11万吨。

就2009年来看，美国禽蛋供求平衡量约为518.70万吨。从供给来看，禽蛋生产量约为534.91万吨，比供求平衡量高16.21万吨，进口量和出口量分别达到0.57万吨和16.78万吨；从需求来看，食品消费仍然是禽蛋消费的主体，2009年消费量达到432.51万吨，其次是种蛋和浪费的禽蛋，两者在2009年分别达到75.19万吨和11.00万吨。

表2-7　美国禽蛋供求平衡（万吨）

年份	生产量	进口量	存量变化	出口量	国内供应量	种蛋	浪费	食品
1961	369.66	0.18	−1.50	2.17	366.17	21.40	10.60	334.17
1965	388.23	0.05	0.00	1.42	386.86	23.60	10.70	352.56
1970	405.34	1.91	−0.40	1.07	405.78	28.46	9.10	368.22
1975	381.29	0.39	0.99	2.41	380.25	26.35	9.42	344.49
1980	412.61	0.41	0.00	8.69	404.33	35.31	9.52	359.50
1985	400.94	1.05	0.28	2.61	399.66	38.90	9.35	351.41
1990	403.40	0.94	−0.07	5.00	399.26	48.20	9.28	341.78
1995	441.70	0.35	0.26	12.64	429.67	60.20	9.80	359.67
2000	499.83	0.75	−0.27	10.20	490.10	66.81	10.80	412.49
2005	533.34	0.69	−0.11	12.97	520.95	71.05	11.00	438.90
2009	534.91	0.57	0.00	16.78	518.70	75.19	11.00	432.51

数据来源：FAO。

根据以上对美国禽蛋供求发展历程和现状的分析发现，美国禽蛋供求平衡情况呈现如下特点。

1. 供求平衡量平稳上升，略有波动

从以上分析看，美国鸡蛋供求平衡量整体是平稳上升趋势，但在20世纪70、80年代略有波动。

2. 贸易顺差增大

从表2-7中可以明显看出，美国鸡蛋进口量非常少，不到1万吨，而其出口量

在2009年已经超过了16万吨，贸易顺差越来越大，表明美国鸡蛋国际竞争能力比较强。

（二）欧盟

欧盟禽蛋的供求平衡量整体呈现上升趋势，但上涨幅度不大（表2-8）。从供给来看，欧盟禽蛋生产量变动不大，2009年比1961年仅增加了251.32万吨，其进出口一直保持顺差的发展态势；从需求来看，禽蛋消费主要以食品消费为主，其中浪费的量比较少，一直保持在5万～9万吨之间。

就2009年的情况来看，欧盟禽蛋供求平衡量约为673.35万吨。从供给来看，禽蛋的生产量约为676.44万吨，其要比供求平衡量高3.09万吨，相差不大；从需求来看，食品消费仍然是禽蛋消费的主体，2009年的消费量达到606.01万吨，其次是种蛋和浪费的禽蛋，两者在2009年分别达到55.01万吨和7.56万吨。

表2-8　欧盟禽蛋供求平衡（万吨）

年份	生产量	进口量	存量变化	出口量	国内供应量	饲料	种蛋	浪费	食品	其他
1961	425.12	47.07	0.27	44.00	428.46	0.30	14.81	5.49	406.98	0.88
1965	474.08	25.37	—2.29	30.05	467.11	0.38	21.39	7.08	437.27	1.04
1970	567.29	26.96	—1.14	39.48	553.64	0.48	24.57	8.39	518.77	1.47
1975	614.52	34.80	1.79	49.52	601.60	0.56	30.26	9.17	559.38	2.22
1980	665.69	48.02	0.20	68.00	645.91	0.98	37.11	9.57	595.38	2.88
1985	680.09	52.65	0.21	67.23	665.72	0.56	36.73	8.01	616.24	4.20
1990	649.92	67.81	1.24	81.75	637.21	0.37	40.56	7.49	578.71	10.13
1995	658.07	55.27	—0.37	70.06	642.91	0.48	44.83	7.58	585.46	4.63
2000	666.46	72.20	0.21	79.71	659.16	0.38	47.70	7.26	600.45	3.94
2005	662.04	96.95	—1.18	99.95	657.87	0.32	47.78	7.44	598.32	4.38
2009	676.44	139.25	0.36	142.70	673.35	0.32	55.01	7.56	606.01	5.04

数据来源：FAO。

根据以上对欧盟禽蛋供求发展历程和现状的分析发现，欧盟禽蛋供求平衡情况呈现如下特点。

1. 供求平衡量平稳上升

欧盟禽蛋供求平衡量整体呈现平稳上升的趋势，但上涨的幅度较小，与我国相比，其禽蛋供应量的增加量远低于我国。

2. 进出口贸易基本平衡

从表2-7中可以明显看出，欧盟地区的禽蛋进出口基本平衡，顺差量较小。这说明欧盟地区的禽蛋供给比较平稳，且自产禽蛋能够满足欧盟地区的各个国家的需求。

（三）日本

日本禽蛋的供求平衡量整体呈现上升趋势，绝对量比较低（表 2-9）。从供给来看，日本禽蛋生产量变动不大，2009 年比 1961 年仅增加了 161.10 万吨，而其生产量比较低，使得增加的幅度比较小，其进出口一直保持逆差；从需求来看，禽蛋消费主要以食品消费为主，其中浪费的量比较少，一直保持在 5 万吨左右。

就 2009 年的情况来看，日本禽蛋供求平衡量约为 254.03 万吨。从供给来看，禽蛋的生产量约为 250.80 万吨，其要比供求平衡量低 3.23 万吨，相差不大；从需求来看，食品消费仍然是禽蛋消费的主体，2009 年的消费量达到 241.61 万吨，其次是种蛋和浪费的禽蛋，两者在 2009 年分别达到 7.40 万吨和 5.02 万吨。

表 2-9 日本禽蛋供求平衡（万吨）

年份	生产量	进口量	出口量	供求平衡量	种蛋	浪费	食品
1961	89.70	0.01	0.73	88.98	1.90	1.79	85.28
1965	133.00	0.13	0.04	133.08	3.00	2.66	127.42
1970	176.60	3.75	0.04	180.31	5.20	3.53	171.58
1975	180.70	3.94	0.00	184.64	6.10	3.61	174.92
1980	200.16	3.19	0.00	203.35	7.50	4.00	191.85
1985	215.24	2.15	0.00	217.38	8.50	4.31	204.58
1990	241.90	2.94	0.02	244.82	8.24	4.84	231.74
1995	254.88	3.97	0.01	258.85	7.30	5.10	246.45
2000	253.54	4.07	0.01	257.61	7.00	5.07	245.53
2005	248.10	7.58	0.03	255.65	7.40	4.99	243.26
2009	250.80	3.31	0.08	254.03	7.40	5.02	241.61

数据来源：FAO。

根据以上对日本禽蛋供求发展历程和现状的分析发现，日本禽蛋供求平衡情况呈现以下两个特点。

1. 供求量先上涨、后下降

日本的禽蛋的供求平衡量整体表现出先上升、后下降的趋势，且供给指标中的生产量、进口量、出口量，以及需求中的饲料、种蛋、浪费、食品和其他需求也都表现该趋势，其中的分界线出现在 21 世纪的前五年。

2. 需要进口以满足消费者的需求

禽蛋生产量低于供求平衡量，也就是说需要增加进口来满足需求。这说明日本本国生产的鸡蛋不能满足本国需求，需要进口国外的禽蛋满足本国需求，从贸易逆差上就可以明显看出这一点。

第八节　废弃物处置、资源利用现状和特点

一、废弃物处置、资源利用现状和特点

（一）世界蛋鸡废弃物处置总体情况

鸡蛋产量的增长也带动了废弃物产生量的增加，蛋鸡废弃物负外部性问题非常严重，而且无害化处理困难。从目前的情况看，世界上的蛋鸡废弃物的产生量已经有十几亿吨，其中最主要的就是蛋鸡粪便，蛋鸡粪便对环境的影响非常大，已经成为影响蛋鸡养殖的主要因素，也是各个国家蛋鸡养殖行业比较难以解决的难题。

蛋鸡废弃物处置分为两个部分：①清理阶段，目前发展最好的就是传送带式的清粪方式，已经得到了世界各个国家的引进和发展；②资源化利用，这一部分是最重要的，而且影响到整个蛋鸡产业的发展。目前主要有三种模式，分别是能源化、肥料化和饲料化，与世界主要蛋鸡养殖国家的发展水平相比，我国目前的蛋鸡废弃物的处置水平仍然偏低。

（二）世界蛋鸡废弃物处置特点

目前，世界蛋鸡废弃物处置与资源利用呈现如下特点。

1. 持续增长

只要有蛋鸡，就会有蛋鸡废弃物的产生，而蛋鸡废弃物的产生又和蛋鸡存栏量存在比例关系。目前世界鸡蛋产量呈现出稳定上升的趋势，也就是说蛋鸡废弃物的产生量也在持续增长。

2. 负外部性

蛋鸡废弃物对环境的影响非常大，容易造成空气污染、水污染、土壤污染、重金属污染、病原体污染等，这些污染对于蛋鸡养殖和人们的生活都有影响，但要缓解对环境的污染是比较困难的。

3. 处置方式多样化

目前对蛋鸡废弃物的处置模式比较多，比如能源化、肥料化和饲料化，每种模式下又衍生出很多的处置方式，每种模式和每种方式都有其优缺点，比如能源化处理模式中的发电，虽然能够达到无害化处理的要求，但投资较大，发电的并网问题也比较难解决。

二、主要国家废弃物处置、资源利用情况

（一）美国

美国是世界第二大鸡蛋生产国和蛋鸡养殖国。2007 年鸡蛋产量为 580.3 万吨，

占世界鸡蛋总产量9%；年人均鸡蛋占有量为17.69千克；蛋鸡存栏量为3.48亿只，占世界蛋鸡存栏量5.8%；每只蛋鸡平均产鸡蛋15.25千克；鸡粪产出量大约为1 382.23万吨，鸡粪处理成为影响美国蛋鸡养殖最主要限制性因素。美国规模化蛋鸡养殖模式起步较早，利用现代化生产技术的养殖历史较长，目前形成了一体化、大规模蛋鸡生产模式。鸡粪等废弃物的处理状况也得到了进一步改善，其鸡粪处理模式经历了若干个变化，这些模式的变迁主要受到蛋鸡生产模式、社会经济发展和人们生活方式改变等影响。

在美国，高密度笼养是蛋鸡生产的主要方式，采用自动喂料、集蛋与机械清粪与环境调控技术，机械化、智能化程度高。根据清粪工艺不同，主要分为高床饲养系统及传送带清粪系统，其中高床饲养约占总量69%。对于高床饲养鸡舍，每栋饲养规模一般为8万～12.5万只，多采用负压横向通风方式，进风口位于鸡舍屋檐口处，通过设置在堆粪区侧墙上的风机排风。根据日常管理措施的不同，鸡粪常堆放在养殖区下方的堆粪区内6～12个月，并通过机械翻堆与循环风扇对鸡粪进行干燥，在适宜季节将鸡粪还田。设置传送带清粪系统的鸡舍一般采用叠层笼养技术，每栋养鸡10万～12.5万只。鸡粪由传送带运送到一端的清粪区，每天或者每半周向舍外清理一次。同时，在鸡场内、外设置贮粪池或者进行鸡粪堆肥。由于该系统能及时将鸡粪清理出舍，与高床饲养相比，可显著改善舍内空气质量，并减少舍内氨气（NH_3）等有害气体及粉尘向舍外的排放。因此，传送带系统在新建鸡场中的比例在逐步提高。美国蛋鸡废弃物处理主要有能源化、饲料化和肥料化处理三种模式。

1. 能源化——蛋鸡废弃物沼气发电处理模式

美国蛋鸡废弃物沼气发电处理技术开始于20世纪70年代末期。该技术涉及多个学科领域，对科技水平的要求很高，尤其是厌氧发酵技术及相关工程技术。其中厌氧发酵技术主要解决提高沼气产量和沼气发酵稳定性的问题，土建、机械等工程技术主要解决沼气利用技术问题，分子生物学技术则为沼气发酵生物学研究和高效发酵菌剂的筛选提供了有力的技术手段。美国蛋鸡废弃物沼气发酵在中温和高温下产气率可达5米^3/天，百千瓦量级的沼气发电机组每立方米沼气发电量可达1.4～2.6千瓦，发电效率高达38%。美国建有大规模的沼气处理设施，沼气发电技术已普遍应用于鸡粪等畜禽粪便处理，沼气产生的电能提供了清洁能源，也代表了生态畜牧业发展的趋势。

2. 饲料化——蛋鸡废弃物再生饲料处理模式

再生饲料是蛋鸡废弃物利用的重要手段。自20世纪50年代开始，美国就对蛋鸡废弃物再生饲料的利用开展了研究。1953年用蛋鸡废弃物作为羊的补充饲料，改变了以前一直被公认的蛋鸡废弃物仅是有机高效肥的概念。而后日本、英国、法国、俄罗斯、加拿大等国也开展了蛋鸡废弃物饲料化研究，并将其应用于生产。

美国加利福尼亚州的一些试验报告指出：蛋鸡废弃物与秸秆和糖蜜混合后制成颗

粒饲料喂牛效果好，蛋鸡废弃物的营养价值与苜蓿粉相同，但每增重 1 磅* 其成本比苜蓿粉降低 7.6%。蛋鸡废弃物中的粗蛋白大部分是非蛋白氮，这部分氮对反刍类家畜利用较好。蛋鸡废弃物还可以用来喂鸡、鱼和猪等。

蛋鸡废弃物作为再生饲料的处理模式在美国经过近 60 年发展，已经成为处理蛋鸡废弃物的主要方式和手段，并形成了工厂化的生产和经营，在推广过程中效果明显，发展前景非常好。

3. 肥料化——蛋鸡废弃物做成肥料处理模式

美国蛋鸡养殖主要是集约化生产基地模式，养殖规模比较大，每天需要处理的蛋鸡废弃物量也很大，蛋鸡废弃物肥料化处理主要有湿粪直接还田、干粪还田和制作有机肥还田使用三种方式。

蛋鸡湿粪还田主要是在适宜季节将蛋鸡废弃物还田，并不是把湿粪进行堆积后等到适宜季节再还田，可以在集中时间处理湿粪，但由于农作物需要的蛋鸡废弃物具有季节性，导致湿粪直接还田的处理量只能占到蛋鸡废弃物总量的 20%左右。

干粪的制作由 20 世纪 50 年代的晾晒，逐渐被机械烘干所替代。通常根据蛋鸡养殖场的日常管理措施不同，蛋鸡废弃物常堆放在养殖区下方的堆粪区内 9 个月左右，并通过机械翻堆与循环风扇对蛋鸡废弃物进行干燥处理。这种方式投资比较大，堆积时间比较长，容易产生二次污染。

有机肥还田是在 20 世纪 70 年代逐渐兴起的一种蛋鸡废弃物处理方式。该生产工艺经历了简单堆肥发酵到工厂化生物发酵，并且现在得到了广泛传播，成为美国有机产业发展的基础，取得了良好效果。

美国蛋鸡废弃物的处置与资源利用方面主要有如下两个特点：①科技带动处置。美国建立了产学研的科技推广体系，在蛋鸡废弃物处置上的技术非常先进，位于世界前列。美国重视科学技术，对科技研发投入了大量资金和人力，通过科技研发，与实际相结合，带动了蛋鸡废弃物的无害化处置。②立法规范处置。美国发布了很多有关蛋鸡废弃物处置的法律法规，本章第九节有关政策方面还会详细论述，这些法律法规从根本上规范了蛋鸡养殖场的蛋鸡废弃物处置行为，从而保障了蛋鸡废弃物的合理利用。

（二）欧盟

欧盟家庭农场养殖模式指德国、法国、荷兰、奥地利等几个欧盟成员国的蛋鸡产业经济发展模式。这些国家的共同特点是土地和劳动力资源相对稀缺，资本和技术实力雄厚，因此，在发展蛋鸡产业经济过程中，选择了资本密集和技术密集、以机械作业为主的集约化家庭农场的发展道路。

目前，欧盟主要有三种蛋鸡废弃物处置模式。

---

* 磅为我国非法定计量单位，1 磅≈0.45 千克。——编者注

1. 能源化——蛋鸡废弃物沼气处理模式

欧盟蛋鸡废弃物沼气工程技术发展较早，也是世界上蛋鸡废弃物沼气厂最普及的地区。该地区沼气厂从20世纪70年代开始建设，90年代进入快速发展期，2000年后沼气产业更是得到了迅猛发展。以德国为例，1997年拥有沼气厂500座，2000年发展到1 000座，2006年已突破3 500座。

荷兰2008年9月5日宣布，以蛋鸡废弃物为原料的世界最大生物质发电装置投产。这个投资2.25亿美元的项目，由多种经营公用系统公司Delta拥有和运作。该装置发出的电力可供9万户家庭使用。该生物质发电装置基本解决了大量蛋鸡废弃物引致的环境问题。此前，荷兰政府每年须花费高额费用来处理。该装置可处理约44万吨蛋鸡废弃物，约占荷兰每年产生蛋鸡废弃物总量的1/3。包括荷兰在内的许多欧洲国家都存在大量各种类型动物粪便污染的环境问题。采用动物粪便作为“碳中和”的能源已成为所有管理方案中最有效和低成本的方案。

2. 饲料化——蛋鸡废弃物再生饲料处理模式

蛋鸡废弃物虽是蛋鸡产业的废弃物、环境的污染源，但蛋鸡废弃物经过加工处理以后可用作饲料。欧盟关于蛋鸡废弃物再生利用的研究结果表明，将蛋鸡废弃物开发成饲料后，用途广，效果好，价格低，深受畜牧水产业生产者的欢迎。比如丹麦用干粪与燕麦各50%混合喂牲畜效果较好。德国和英国市场出售的“托普兰”加工蛋鸡废弃物与燕麦、玉米混合饲喂牲畜，其营养价值可与普通配合饲料相媲美，而成本可降低30%左右。英国等用蛋鸡废弃物养蛆或生产饲料酵母，并已进行工厂化生产。

3. 肥料化——蛋鸡废弃物做成肥料处理模式

欧盟有机农业发展迅速，已经成为当今欧盟农业发展的重点和方向。1991年欧洲议会《有机农业和有机农产品与有机食品标志法案》（以下简称《法案》），是欧盟有机农业发展的法律基础。而作为有机农业营养基础的有机肥的使用成为其发展的重要支柱。《法案》规定有机农产品的种植必须使用适度的有机农业动物源肥料，当有机肥料不能满足使用时，可以适当补充其他肥料。《法案》的推行对欧盟有机肥的生产和使用起到了巨大作用，欧盟各国纷纷建立有机肥生产厂，利用先进处理加工技术，生产符合有机食品标准的有机肥。蛋鸡废弃物作为畜禽粪的主要组成部分，将其加工处理成有机肥，并且结合沼气能源化处理，可进一步挖掘蛋鸡废弃物的使用价值。

目前，欧盟在蛋鸡废弃物处置方面的主要特点是：①福利政策改善了废弃物处置。欧盟地区已经在2012年正式开始实施禁笼养政策，在这种养殖模式下，蛋鸡废弃物的清理和资源化利用就比较简便，能够及时、无害化地进行资源化的利用，同时也能减轻蛋鸡废弃物对蛋鸡养殖的影响。②政策推动处置。结合以上的分析和下一部分对有关政策的总结，欧盟地区对蛋鸡废弃物的重视程度非常高，专门出台了防治废弃物污染的法规，同时提倡有机食品生产，推动了废弃物的肥料化等模式的推广应用。

(三) 日本

日本蛋鸡废弃物处理的主要模式是蛋鸡废弃物沼气处理模式、蛋鸡废弃物再生饲料模式和有机肥处理模式。根据模式的发展历程和现状对日本的蛋鸡废弃物的处置进行分析发现，日本主要有两种蛋鸡废弃物处理模式。

1. 能源化——蛋鸡废弃物沼气处理模式

日本在20世纪80年代开始利用蛋鸡废弃物为原料试验沼气发酵。筑波大学开发了酸发酵和沼气发酵分开进行、效率较高的二相式等，多种多样的技术被开发出来。一些大型企业还抢先引进了欧洲的大规模沼气发酵处理技术并加以开发，试行商业化运作。因蛋鸡废弃物发酵的能量不足，需常向其中加入新鲜垃圾、食品行业废弃物等进行混合处理，废液须经脱水处理，固体成分须经堆肥处理，液体成分须经净化处理排放。

2. 饲料化——蛋鸡废弃物再生饲料处理模式

日本对蛋鸡废弃物再生饲料处理模式的研究始于20世纪60年代，但发展速度很快。一些试验报告表明，来航鸡日粮中掺入20%以内的干粪，不影响产蛋率。有报告认为，干粪作为蛋鸡饲料的价值相当于玉米的30%～50%。日本汉克岳中央农业试验大学用蛋鸡废弃物喂猪的试验报告说明，在增重基本相同的情况下，喂蛋鸡废弃物50%可以节约精饲料40%，每增重1千克比对照组降低饲料费30%。经过一系列试验，蛋鸡废弃物的饲料化处理模式逐渐推广，近50年的发展表明，再生饲料的发展前景很好，为节约资源和减少养殖成本作出了重要贡献。

日本在蛋鸡废弃物处置方面的主要特点是：①起步晚，发展快。日本与美国相比，对于蛋鸡废弃物的资源化利用开始得比较晚，尤其是利用现代科技手段对蛋鸡废弃物的处置。虽然起步相对于其他国家比较晚，但其发展的速度比较快，主要是因为日本政府重视废弃物处置方面的研究开发，支持科技在蛋鸡废弃物处置上的示范推广应用。②组织化带动了处置。日本在蛋鸡养殖上非常重视组织的建立，从20世纪50年代开始，日本的组织化程度已经有了很大发展，在组织化推动下的产业一体化带动了蛋鸡废弃物的处置，拓宽了蛋鸡产业链条。

第九节　主产国产业政策研究

本节主要从产业支持政策、科技发展政策、环境政策、贸易政策、质量安全管理等五个方面，重点对美国、欧盟和日本的蛋鸡产业政策进行梳理。

一、产业支持政策

(一) 美国

美国的农业政策中仅针对蛋鸡产业的比较少。此处主要以美国农业、畜牧业政策为例，对美国的相关产业支持政策进行梳理。总体来说，美国在蛋鸡产业发展方面，实施信贷支持政策、价格政策，以及通过延期纳税、减税和免税等财政政策对包括蛋鸡产业在内的畜牧业进行扶持。

1. 信贷政策

蛋鸡养殖过程中需要大量资金作为保障，美国为保证农业生产顺利进行，通过信贷计划，为蛋鸡养殖场主提供优惠贷款，发展蛋鸡养殖业生产。美国在1916年通过了美国第一个“联邦农业信贷法”，随后在联邦政府提供部分资金的情况下，成立合作社性质的联邦土地银行，1923年国会又一次通过法律，成立“联邦中间信贷银行”，为生产信贷协会提供资金，以供应农场主的中、短期生产信贷。1933年以后，又先后成立了政府的农业信贷机构和扩大了原有机构的农业信贷业务，并以直接贷款形式支持农业生产，资助农产品储存设施、农村住房等社区开发项目。此外，政府还为私人银行提供农业信贷保证等。

2. 价格和收入支持政策

该政策是通过政府计划为蛋鸡养殖场提供最低保证价格，使养殖场获得与其他行业投资者相比拟的利润率，以便达到既控制生产又保证养殖户获得较稳定收入的目的。在市场经济条件下，农业生产的特点阻止了农业资本在利润率下降时向外转移，当鸡蛋价格下跌时，养殖场主要维持原来的收入水平，以保证家庭生活。因此，在一定时期内，生产不仅不会缩减，反而会扩大，从而压迫价格进一步下跌。

3. 税收政策

美国对包括蛋鸡养殖在内的农业发展提供了以下方式税收政策：①延期纳税。可以将一部分尚未出售或虽已出售但未收到现金的产品延至下一年度纳税；②减税。对于用购买机器设备、生产用房及饲养1年以上的牲畜等开支可以作为资本开支从当年收入中全部扣除，而不需要像工业那样在很长时间内分期扣除；③免税。按法律规定，出售农业固定资产的所得可以免除60％收入的赋税，只需按40％纳税。此外，与非农业遗产相比，在农场遗产税方面也有较大优惠。

4. 环境政策

美国联邦立法规定了养殖保护和环保项目；美国环保局提供了具体涉及农业动物（包括鱼类和其他水生动物）生产的国家环保要求的信息；美国畜禽饲养行动计划制定了针对具体的动物饲养操作规程等。

（二）欧盟

欧盟地区最主要的一个政策就是1999年发布的“蛋鸡福利欧盟指导性计划”，即禁止使用传统笼具，替代这种模式的是使用面积增大的笼子和自由散养的饲养模式，这种模式已经于2012年在欧盟国家所有蛋鸡养殖场实施。受此蛋鸡福利规定的影响，一些连锁店已经不再出售笼养鸡蛋。然而经过改造后的蛋鸡养殖场，养殖成本增加了10％，国家在这方面投入了大量资金，这导致了欧盟地区鸡蛋主产国鸡蛋产量下降。

为了弥补鸡蛋产量下降所带来的需求空缺，欧盟地区鸡蛋进口量增加。

（三）日本

日本在包括蛋鸡产业在内的畜牧业发展方面，重点以各类补贴政策加大对产业的支持。日本经济进入高速增长后，政府来自工业的税收迅速增加，实行“以工养农”政策，对农业积极扶持。而且就目前的日本农民的收入来看，补贴占据了很大部分，同时补贴也推动了其生产经营水平的提高。补贴的类型有：收入补贴（主要是对山区、半山区农民的直接补贴）、生产资料购置补贴、农业灾害补贴、农业保险补贴和农业贷款优惠补贴等。为了应对务农人员老龄化的问题，日本政府出台了“新增务农人员综合支援项目”，向青壮年务农实行巨额补贴政策，对于鼓励青壮年劳动力从事农业生产、改善农村劳动力结构恶化问题起到了很好的作用。

同时，日本的组织化受到了政府财政和金融等方面的大力支持，资金问题得以解决，而且日本政府还出台了有关蛋鸡养殖设施的补贴政策，推动了设备投入的机械化、自动化程度。在补贴政策中，主要以价格补贴为主。日本成立了全国鸡蛋价格安定基金会，资金由畜产振兴事业团、地方政府和生产者团体共同出资。如鸡蛋的价格低于补贴标准价格时，由基金会向生产者支付相当差额 90％的补贴。

二、科技发展政策

（一）美国

在蛋鸡产业发展中，美国十分重视科技对产业的推进作用。美国农业的发展历史，就是一场技术革命。美国在蛋鸡生产方式上的政策主要体现在对科技发展的政策上。在 19 世纪末和 20 世纪初，美国就已经实现了蛋鸡养殖现代化，蛋鸡生产技术、设备等方面都达到了自动化、机械化。

以蛋鸡疾病控制为例，美国十分注重加大创新研发的力度。通过加大禽流感的应急预案经费来强化该国防控流感病毒袭击，主要的研究包括流感病毒病原和分子进化基础研究、确定药物靶标研究、疫病诊断方法创新、新型安全免疫研制、流感防疫人才培养等环节。同时，在科技发展中，美国注重加强与国际社会的交流，通过研发合作和技术交换，推动全球加入动物流感病毒共同防疫计划，促使禽流感防控工作更加具有全球性、系统性和针对性，使在判断全球流感疫情的暴发时更有针对性，进而提升流感病毒暴发频率高地区的预警能力和防控水平。

（二）欧盟

欧盟地区除了加大科技研发支持力度外，重点加强科技成果的推广应用。由于蛋鸡生产主要是以家庭农场为主，而且在养殖上已经在 2012 年开始实施禁止蛋鸡笼养、给动物以自由的制度，转变了原有饲养方式，确保了鸡蛋供给，而且欧盟关于笼养蛋鸡的替代模式目前已经研究开发了几种，并已在欧盟国家的规模化养鸡中开始推广应用。这些模式大多以栖架或多层网架替代笼子，鸡可以在鸡舍内较自由地活动，舍内自动喂料供水、自动环境控制、设产蛋箱自动集蛋。

（三）日本

在科技推进蛋鸡产业发展的过程中，日本非常重视专业人才的培养。以蛋鸡疾病控制为例，开展流行病学研究是各国的普遍做法。日本为进一步提高动物疫病防控水平和完善疫病防控监测体系，通过颁布法律和制定政策，大力推进动物疫情流行病学研究，包括流行病学专业人才培养、科研机构的构建、流行病学科普知识宣传等。同时，为了加强疫情监测，降低病毒扩散概率，日本政府加大财政支持力度，强化动物疫情监测，努力朝着信息化、标准化和规范化方向发展。

三、环境政策

在蛋鸡产业发展中，发达国家越来越重视蛋鸡产业发展与环境之间的协调问题，并在此方面，通过立法和建立严格的标准，实现产业发展与生态环境之间的平衡。

（一）美国

联邦政府的“清洁空气法案”（Clean Air Act），授权美国环境保护总署（EPA）执行相关强制条款。如果每栋畜禽舍每日氨气（NH_3）排放量超过 45 千克（100 磅），就需要向 EPA 或当地有关部门进行汇报。

美国制订了严格细致的法律体系防治养殖业污染，涉及行政管理、经济刺激和产业优化等各个领域，出台的法律法规有《清洁水法》《2002 年农场安全与农村投资法案》《水污染法》《动物排泄物标准》《2008 年农场法案》等。

（二）欧盟

欧盟地区在蛋鸡环境控制方面的政策主要就是通过禁止笼养蛋鸡来推进养殖环境改善；而且欧盟还对相关的设备投入进行补贴，减轻了养殖者的负担，对于养殖者改善环境控制系统起到了重要作用。欧盟地区在蛋鸡生产方式上影响最大的政策就是禁止笼养蛋鸡。从 2012 年开始，所有欧盟国家必须扩大鸡笼面积或转向平养和散养。

（三）日本

日本政府在蛋鸡环境控制方面主要有两方面的政策措施：①加大对环境控制方面的科研力度，提高支持的资金，并进行示范推广；②给养殖者以补贴，通过补贴的方式激励养殖者加大对环境控制方面的投入。

四、贸易政策

（一）美国

美国主要采用国内支持、出口补贴及签订贸易自由化协定作为其鸡蛋出口的贸易政策。

1. 国内支持

美国为支持本国禽蛋产业发展，主要通过直接支付、反周期支付和贷款支持等手段在经济上支持禽蛋养殖户，降低禽蛋养殖户生产成本，从而充分调动广大养殖户的生产积极性和主动性，间接在生产环节上凸显养殖户的成本优势，进而提高美国禽蛋产品国际市场竞争力。

2. 出口补贴

美国以出口量为计算单位，以现金支付方式对禽蛋产品给予出口补贴，以鼓励美国国内禽蛋产品更多地出口到国际市场。同时，美国还采用向发展中国家捐赠食品的渠道，将农产品直接输送到发展中国家，这在一定程度上也促进了美国农产品走上国际市场。

3. 签订贸易自由化协定

美国通过农产品贸易谈判，努力降低或取消农产品贸易壁垒，进而拓展美国农产品在国际市场占有份额，如制定多边贸易体系、区域和双边贸易协定，以推动美国农产品对外贸易自由化战略。

（二）欧盟

欧盟主要采用共同农业政策、国内支持和出口补贴作为其鸡蛋出口的贸易政策。

1. 共同农业政策

欧盟的共同农业政策以市场统一、共同体优先和财政统一为三大基本原则。在这一制度的背景下，欧盟成员国的农产品价格能够在一定范围内上下波动，且价格波动范围被约束在一个合理的范围内。对于农产品进口，欧盟通过课以较高关税以达到限制进口的目的，从而保护本地区农产品价格。

2. 国内支持政策

欧盟对农产品贸易采取的国内支持政策主要包括价格支持、收入直接补贴和对农业的公共服务。其中，价格支持是欧盟农产品贸易政策的核心，当农产品市场价格高于干预价格时，农民能按照市场价格交易；如果市场价格低于干预价格，政府将采取措施干预市场价格，以保障农民收益。

3. 出口补贴政策

欧盟是世界上对农产品出口补贴程度最高的地区，补贴对象主要集中在向发展中国家出口的农产品上，这种出口补贴政策在一定程度上使贸易产生了严重扭曲。欧盟通过出口补贴激励政策鼓励本地区农产品出口，近几年来在某些农产品贸易上始终保持着净出口国的状态。

(三) 日本

与美国和欧盟不同，日本主要是鸡蛋进口国。因此在鸡蛋贸易方面，日本主要采取限量限制农产品进口、采用贸易技术壁垒等措施限制鸡蛋的出口。

1. 限量限制农产品进口

日本政府实行的农产品技术标准和法律法规，限制农产品进口数量，且诸多农产品技术标准异于国际通行的技术标准，要求更加严苛，指标更加多元，监测程序和检查项目更多。同时，对农产品的标签制度和包装要求更加严格和规范，如农产品必须标明来源地，以保证进口产品的可追溯性。

2. 贸易技术壁垒

日本政策采用新型的农产品技术壁垒，即农产品专利壁垒。如技术标准、知识产权保护、检疫防疫标准等手段是日本对本国农业提供保护的表现，农产品贸易技术壁垒措施的实施对外国农产品进入日本市场造成了相当大的阻碍。

五、法律法规、制度及标准

除了动用经济政策及建立严格的法律法规对蛋鸡产业发展的环境进行调控外，在鸡蛋的生产、加工、流通和消费方面，美国、欧盟和日本等主要发达国家也制定了相关法律法规，建立了若干制度以及标准体系，以提升蛋品的质量安全。

(一) 美国

在饲料与营养方面，美国已成为世界上对饲料品质要求最严格的国家之一，饲料产业法律和法规健全。政府对饲料企业实行严格的管理制度，联邦政府和各州制定了饲料质量管理法规。饲料生产、加工、运输、销售、包装、存储、标签和使用等各个环节，都有详细的法规可循。制定了《联邦鸡蛋产品检查法》，卫生机构和食品安全检疫机构人员不定期对饲料生产企业进行监督检查，对生产过程的各项记录、生产环节的原料和产品进行抽查，一旦查出问题，必须整改，严重的勒令停产。

在加工方面，美国对加工流程有着严格的规定。联邦法规规定了严格的清洗程序，现在大多数鸡蛋的清洗设备包括喷雾器、刷子、洗涤剂、漱剂及干燥机，清洗好的鸡蛋才能进入市场。同时，政府还要求生产商采取预防措施，并将鸡蛋在储存和运输过程中冷藏。

在流通中方面，美国要求加大对鸡蛋病菌的检测。美国有关鸡蛋安全的相关法规在2010年7月9日生效实施，其中包括要求生产商对鸡蛋的沙门氏菌进行多次测试，对占全国总产量80%以上、拥有5万只或5万只以上产蛋鸡的生产企业进行监管，而这些生产企业的产量占全国总产量80%以上。此外，美国于1970年通过了蛋产品检查法案，是政府为了确保有益健康的壳蛋和蛋品进入超市的保障。法案给予美国农业部和药品管理局强制行政权力，在蛋产品检查法案下，美国农业部持续监督所有鲜蛋及蛋制品的工艺过程。该检查法案严格禁止使用不符合要求的壳蛋，要求所有蛋产品实施巴氏消毒，以保证消费者的食品安全。同时，美国对不安全的鸡蛋实施召回制度。美国食品药品监督局及相关部门，根据民众举报和消费者协会的要求，对问题产品发出召回令。对于直接危及民众生命的产品，有关管理部门会勒令生产厂家在召回后立即全部销毁，并由相关生产企业支付召回费用，包括对购买者的退款。2010年夏季，由于美国10多个州暴发的沙门氏菌疫情牵涉鸡蛋污染，事件中美国鸡蛋联盟对市场上的鸡蛋进行召回，召回数量超过5亿枚。

在鸡蛋消费方面，美国1990年《营养教育和标签法令》规定了鸡蛋等大多数食物都要贴营养标签，有助于消费者对鸡蛋的营养成分、热量等进行掌握。

（二）欧盟

欧盟非常重视饲料原料的管理。由于影响饲料安全的潜在因素很多，欧盟各国一直坚持将防控安全隐患作为监管工作的中心。欧盟食品安全局和各成员国食品安全局重点负责饲料安全风险的评估监控，包括饲料卫生、饲料标签、产品注册、不良物质、饲料添加剂的安全使用、动物源性饲料的生产使用等。对于饲料安全风险评估采取“零容忍”政策，还没有开放将转基因生物作为饲料原料。也对饲料当中原料成分比例进行了规定，如1991年以来欧盟施行“麦克雪利共同农业政策改革方案”以来，谷物的平均添加量从32%上升到47%。另一方面，谷物的重要替代品之一的木薯粉，几乎在饲料中无影无踪。过去占饲料原料2%的肉骨粉自2001年起禁用，现在几乎被豆粕所取代。为了进一步增强饲料成分来源的可追溯性，欧盟在2007已经开始实行更为严格的标签法规。另外，还有《关于在动物营养方面使用的添加剂法令》《欧盟加药饲料生产和销售规则》《转基因饲料使用规则》等法律法规。为了帮助各成员国遵守饲料卫生规定的各项要求，欧盟饲料生产商联盟（FEFAC）制定了“欧盟饲料生产商准则（EFMC)”。欧盟饲料生产商联盟还与国际饲料安全联盟（IFSA）一道制定了“国际饲料成分标准”，从而统一了有关加工饲料成分安全准则的基本要求。同时，有《饲料卫生法令》《配合饲料流通规则》《动物营养中不良物质和相关产品规则》《政府监管动物营养的指导规则》等生产管理方面的法律法规。欧盟还统一制定并实行了食品、饲料快速预警系统（RASFF)。该系统主要针对各成员国内部由于食品不符合安全要求或标示不准确等原因引起的风险和可能带来的问题及时通报各成员国，使消费者避开风险的一种安全保障系统。对采取措施、防范风险、抵御危害起到了重要作用。

在鸡蛋流通方面，欧盟相关规章给出了控制沙门氏菌和其他具体食源性致病菌的类似的程序，对微生物，以及对碎蛋、坏蛋、软壳鸡蛋的处理进行了规定。同时，欧盟也制定了鸡蛋上市的标准，标准指出，检验人员需在鸡蛋上市的不同阶段对鸡蛋进行适当检查，在随机抽检的同时，还应该进行风险评定，将经营场所的类型、生产能力及经营者执行规定的情况纳入考核标准。

在消费方面，欧盟制定了鸡蛋销售标准法规。该法规提供了食用带壳鸡蛋销售标准，规定了适合和不适合人群直接消费的鸡蛋之间的明显区别，特别是供食品工业和非食品工业用蛋之间的区别，还规定了鸡蛋标志及其包装。

（三）日本

日本食品安全体系较为完善，迄今为止，日本共颁布了食品安全相关法律法规共300多项，主要由法律法规和标准构成。

日本的食品安全法律主要包括《食品卫生法》《食品安全基本法》等，以及伴随而生的有关法律的实施令和实施规则。日本的食品安全管理的主要依据是《食品卫生法》，该法制定于1947年，后来根据需要经过几次修订。特别是2006年5月29日，日本将《食品卫生法》做了进一步修改，添加了"肯定列表"度的内容，设定了进口食品、农产品中可能出现的农药、兽药和饲料添加剂的暂定限量标准。日本参议院于2003年5月16日通过了《食品安全基本法》草案，该法为日本的食品安全行政制度提供了基本的原则和要素，也是以保护消费者为根本、确保食品安全为目的的一部法律，既是食品安全基本法，又对与食品安全相关的法律进行了必要的修订。

同时，日本也强化其食品标准体系的建设，共分为国家标准、行业标准和企业标准三层，形成了比较完善的标准体系。其主要标准分为两类，一类是质量标准，另一类是安全卫生标准，包括动植物疫病、有毒有害物质残留等。

健全的法律法规和严格的产品质量体系，有效保障了包括鸡蛋在内的农产品质量安全。

第十节 国际经验借鉴

通过对世界，美国、欧盟和日本等主要鸡蛋生产国的产业发展，以及相关政策的梳理，如下国际经验可供我国蛋鸡产业发展借鉴。

一、美国的经验及启示

自19世纪50年代起至今，美国经历了农民家庭农场养殖、农民家庭农场养殖与大城市郊区农场养殖、集约化大型基地模式三个阶段，目前已经成为世界上第二大鸡蛋生产国，建立了先进的集约化产销体系，市场集中度进一步提高，形成了跨国产业一体化经营。综合来看，美国蛋鸡产业走的是一条可持续发展之路。自从美国农民家庭农场养殖模式衰退后而兴起的大城市近郊专业化养殖模式起，美国蛋鸡产业总是追求经济效益、环境效益和社会效益三个层面的协调发展。因此，综合考察美国蛋鸡产业发展历史和模式，对促进我国蛋鸡产业可持续发展具有现实的借鉴意义。

（一）坚持市场导向原则

在20世纪50年代之前长达100多年的传统家庭农场养殖过程中，美国农民仅仅是将蛋鸡的养殖与种植业产品（特别是玉米）综合利用结合在一起，养殖规模小，技术水平低下，产品基本是以满足自身的营养需求为主。这一时期美国的蛋鸡产业市场导向还不是很明显，但是进入20世纪50年代之后，随着近郊专业化养殖模式兴起，美国蛋鸡产业发展的市场导向原则便成为整个产业发展的基本原则，特别是近郊专业化养殖模式本身就是市场导向的产物。在近郊专业化养殖阶段和现在的一体化养殖阶段，美国蛋鸡产业发展的每一步，都紧密地与上游市场（饲料等原料市场）和下游市场（国内市场或国际市场）结合。因此，可以认为以市场导向为基本原则的美国蛋鸡产业的发展是以消费驱动为主。

对我国蛋鸡产业发展的启示：我国自从改革开放以来，为了满足广大居民的食物需求，各界历来注重禽蛋供给，而缺乏对消费市场的考察，缺乏以市场需求引导蛋鸡产业的发展。目前，我国蛋鸡产业已经进入生产过剩阶段，已经处于一个重大转折时期。因此，今后我国蛋鸡产业应坚持以市场导向为基本原则，从战略上从供给驱动型向消费驱动型模式转变，这是保障我国禽蛋产业可持续发展的根本所在。

（二）注重成本控制，不断提高规模经济效益

规模经济效益指由于规模的扩大导致长期平均成本的大幅降低，以及经济效益和收益的提高。大规模养殖场进行成本控制和注重规模经济效益是美国蛋鸡产业的基本特征之一，美国农场测算成本收益大体上包含以下内容：①测算规模经济效益，注重测算农场的规模成本与收益；②注重降低流通成本，采用技术改造、实施机械化运作，促使流通与规模匹配；③在产业链条中注重交易费用的降低，即采用合同的方式，稳定上游要素资源的供应和下游市场渠道；或采用与上游或下游兼并的方式，实施垂直一体化发展的策略，使蛋鸡原料供应、养殖、加工等成本内部化。

对我国蛋鸡产业发展的启示：我国目前蛋鸡养殖规模较小，各类蛋鸡养殖场均面临着严重的市场风险，在我国农村地区蛋鸡养殖业的比较收益仍然高于粮食等种植业的基本现状下，进一步推进成本控制和提高规模经济效益是促进我国蛋鸡养殖业健康发展的必由之路。

（三）实行专业化生产，注重产业布局，强调各区域协调发展

包括蛋鸡生产在内，美国的农业基本上是专业化生产，这也是美国农业新经济区别于传统农业的标志之一。在美国南北战争结束后，美国的农业不断向西扩展，到第二次世界大战前，西部地区农业资源的开发已有很大进展，农业的专业化布局基本已

定型。第二次世界大战期间和战后，随着整体经济和国内外市场的变化，美国农业的专业化布局继续发生了一些变化，经过近些年的进一步调整，形成了目前以西北、西南等区域的禽业布局状况。此外，随着美国蛋品加工业的发展，蛋品加工企业也逐渐向西部大的饲养厂附近转移，而不是再向市场靠拢，从而形成了饲养与加工的聚集区，并进而缩减了加工商的货源半径。另外，美国各州均生产鸡蛋，为了有利于生产者、销售商和消费者判定鸡蛋的质量，以进一步提高禽蛋的商业效率，美国制定了统一的鸡蛋标准，促使各州之间协调发展。

对我国蛋鸡产业发展的启示：目前，我国各个地区也均生产鸡蛋，但各地区间在技术效率上差异很大。虽然近年来我国蛋鸡生产逐步向一些优势区域发展，但目前尚缺乏对我国禽蛋优势区域布局的规划，更缺乏各地之间协调发展的机制。没有逐步提高的农业专业化程度，就不可能有比较高的农业劳动生产率和产出水平。因此，今后我国应加强蛋鸡专业化生产的水平，科学合理规划蛋鸡生产布局，并出台相关标准等，使各地蛋鸡生产能够协调发展。

（四）科技支撑是蛋鸡产业持续发展的基础

农业科学技术推广应用的程度，决定着农业生产力的发展水平。美国蛋鸡产业之所以高度发达，从根本上说，是他们把更多更新的科学技术与本国的自然资源密切地结合起来，从而创造出了更高水平的商品农业经济。建立协调高效的农业科技教育、研究和推广体制，广泛而又大规模地推广应用现代特别是高新农业科学技术，是美国农业新经济发展的基本方针之一，也是美国的骄人成就之一。机械工程技术、良种化技术、生态农业技术、数据化技术、信息技术等不断应用在蛋鸡的生产、加工和市场上，极大地促进了美国蛋鸡产业的持续发展。

对我国蛋鸡产业发展的启示：必须加大我国蛋鸡生产的技术体系开发，尽快形成一整套的系统工程进行蛋鸡生产的研究、推广和应用，并注重和企业结合，使研究产出能够符合现代生产水平的要求，并尽快整合各类资源，推进我国鸡蛋专家系统的建设，以科技武装和保障我国蛋鸡产业。

（五）法律约束和政策控制是美国蛋鸡产业健康发展的基本保障

美国针对其蛋鸡产业的发展，制定了相关的法律规定，以保障美国蛋鸡产业健康有序发展。这些法律规定和政策主要包括：①美国联邦立法规定了牲畜饲料和应急计划、干旱援助家禽农户援助，以及环保项目。②美国环保局提供了具体涉及农业动物（包括鱼类和其他水生动物）生产的国家环保要求的信息。③美国饲养场行动计划制定了针对具体的动物饲养操作规程。④农业政策从生产逐步扩大到贸易领域，美国依据其卫生和植物检疫法规，以及关税、配额和其他政策调节其蛋鸡的贸易。

对我国蛋鸡产业发展的启示：在产业发展过程中，除了积极呼吁行业制定规范外，政府必须以强有力的法规措施和政策措施解决蛋鸡产业发展过程的公共问题，如环境、贸易，以及养殖户的利益等。

二、欧盟的经验及启示

（一）集约化的种养结合模式是产业发展的必由之路

欧盟地区的家庭农场式的发展模式非常适合我国小规模蛋鸡养殖场，在部分有条件的地区可以推行这一模式，正好也能配合我国刚提出的发展家庭农场的政策，这种家庭农场式的经营模式是建立在专业化、机械化、标准化、信息化的基础上，同时也要与种植业结合，既能解决蛋鸡养殖过程中的废弃物处置问题，同时也能利用好资源和保护好环境。

（二）消费者对产品的市场价值倾向将决定一个产业的发展内涵

欧盟地区在 2012 年已经实施了传统笼具禁养的政策，就目前来看，实施的效果还不错，虽然养殖成本提高了，但可以适合特色养殖的要求，使得生产出的鸡蛋能够具有较好的品质，鸡蛋的价格比较高，也就弥补了养殖成本增加额。

我国蛋鸡产业发展中，虽然有部分地区采用散养的方式进行蛋鸡养殖，但从总体的鸡蛋供给和需求的现实状况出发，笼养蛋鸡仍然是我国主要采用的方式。虽然如此，却可以从欧盟禁止笼养蛋鸡的福利政策中，找到对我国蛋鸡产业发展的一个重要启示，即消费者对产品的市场价值取向将决定一个产业发展的内涵。在欧盟及其他发达国家和地区，鸡蛋产品除了具体的营养与食用价值之外，还具有生态价值和社会价值。在高度发达的市场经济中，消费者不断重视包括鸡蛋在内的生态价值和社会价值，也愿意为较高的生态价值和社会价值的农产品支付更高的价格。在一个产业发展的过程中，产品的价值是该产品的基本价值，而产品价值是通过市场的交易体现的，一旦消费者认识到产品价值之外的生态价值和社会价值，且逐步建立起更为宽广的价值体系之后，将通过产业链的反向调节作用，倒逼生产，也将对包括鸡蛋在内的农产品生产环境给予更多的关注甚至会有更为苛刻的要求。因此，从欧盟禁止笼养这一动物福利的政策来看，我国的蛋鸡产业应高度重视对消费者鸡蛋价值认知的引导，从而实现更高的鸡蛋溢价；同时，也应密切关注消费者的需求行为，通过消费需求实现对鸡蛋产业链的优化，以进一步促进我国蛋鸡产业向可持续发展方向推进。

三、日本的经验及启示

日本的蛋鸡养殖主要由家庭农场进行，而且日本一般采用一体化经营模式与家庭农场对接。

在日本，一般以合同方式实行农户与孵化场、饲料企业、加工企业的对接；同时，企业向农户提供建设鸡舍的图纸，传授饲养的技术。农户按照龙头企业提供的资料和技术，建造鸡舍养鸡，然后龙头企业派专车到农户农场回收鸡蛋。这样，龙头企业把农户的合同生产同自己生产总计划连接起来，并且农户是在龙头企业的严格控制下从事生产的。此外，龙头企业在边远农村地区发展一体化的蛋鸡产业，所以土地价格和劳动力成本低，加上全部生产由农户承包，积极性高，人力资本管理成本较低。

对日本蛋鸡产业发展的梳理，对我国蛋鸡产业发展的主要启示在于提高组织化水平是实现蛋鸡产业可持续发展的基本保障。在我国，虽然蛋鸡养殖逐步呈现规模化的趋势，但养殖的主体仍然以分散的农户为主，因此借鉴日本蛋鸡产业的组织模式，重视组织蛋鸡养殖场（户）之间的合作并与鸡蛋供应链密切对接，是完善我国鸡蛋产业链的重要启示。

参 考 文 献

安树元，杨秋蓉.1991.鸡粪再生饲料［M］.天津科学技术出版社.

曹允.2009.2007年美国饲料与畜牧市场概况［J］.饲料广角（12）：29-30.

陈小鸽.2008.欧美饲料安全体系是食品生产链中的重要环节［J］.中国禽业导刊（17）：48.

程军波.2009.亚洲家禽业的现状和发展［J］.中国禽业导刊（26）：31-34.

崔淑娟.2012.美国禽流感防控体系的特点及对我国的启示［J］.中国预防医学杂志（1）：79-81.

范梅华，汪生，周雯.2009.美国鸡蛋加工与消费文化——探究鸡蛋的奥秘与神奇［J］.中国禽业导刊（7）：18-31.

高俊岭.2009.2009年欧洲饲料业形势分析——欧洲饲料产量下滑法国饲料忙于重组［J］.饲料广角（24）：40-42.

耿大立.2008.美国和加拿大高致病性禽流感防控经验及启示［J］.中国动物检疫（4）：38-39.

汉斯-威廉.2007.全球禽蛋生产格局及贸易演变的区位分析［J］.中国禽业导刊，24（8）：8-11.

洪玫.2005.加强畜牧业产业化经营促进畜牧业发展［J］.现代畜牧兽医（4）：4-5.

胡定寰.2003.美国养鸡产业一体化经营模式［J］.中国家禽，25（5）：37-39.

黄仁录.2010.转变蛋鸡生产方式——探索蛋鸡养殖新模式［J］.北方牧业（9）：9-10.

孔凡真.2012.希腊禽流感防控应急机制［J］.海外牧青（5）：86-87.

李保明，秦富，佟建明，等.2012.美国蛋鸡产业安全生产技术发展考察报告［J］.中国家禽，34（3）：1-6.

李新.2008.日本鸡场的粪便堆肥发酵处理［J］.中国家禽，30（3）：25-30.

李哲敏.2012.2011年国内外鸡蛋市场及贸易形势分析［J］.农业展望（2）：16-20.

梁小伊，黄思秀，贾伟新，等.2007.国内外畜牧业产业化发展概况及趋势［J］.华南农业大学学报（社会科学版）（6）：50-53.

刘志扬.2003.美国农业科学技术推广的方式与启示［J］.农业经济（8）：46-47.

秦富，刘合光，赵一夫，等.2012.中国蛋鸡产业经济2011［M］.北京：中国农业出版社.

秦富，马骥，赵一夫，等．2011. 中国蛋鸡产业经济 2010［M］．北京：中国农业出版社．
秦富，赵一夫，马骥，等．2010. 中国蛋鸡产业经济 2009［M］．北京：中国农业出版社．
曲鲁江，杨宁．2010. 2009 年度蛋鸡产业技术发展报告［J］．中国家禽（8）：13－16.
王涛．1999. 日本鸡蛋的流通与卫生管理［J］．中国禽业导刊（11）：33－35.
王新志，张清津．2013. 国外主要发达国家农业政策分析及启示［J］．农业经济研究（1）：121－125.
王洋．2008. 浅谈代表性国家畜牧业发展成功经验及其对黑龙江省的启示［J］．经济师（2）：280－282.
武巧珍．2001. 从日本贸易战看后 WTO 时代中国农产品贸易政策的选择［J］．经济问题（11）：47－49.
徐辉．1998. 世界收入增长促进了家禽业的发展［J］．中国家禽（1）：43.
徐明凡，刘合光，秦富，等．2010. 世界鸡蛋主产国生产贸易现状与前景［J］．农业展望（5）：40－43.
薛凤蕊，王余丁，赵邦宏，等．2011. 美国饲料产业的发展对中国的启示［J］．饲料工业（13）：66－68.
颜景辰，张俊飚，罗小锋，等．2007. 世界生态畜牧业发展现状、趋势及启示［J］．世界农业（9）：7－10.
杨宁．2003. 蛋鸡的生产现状和育种进展［J］．中国禽业导刊，20（10）：10－11.
杨宁．2006. 蛋鸡上商业化育种的发展和面临的问题［J］．北方牧业，2006，11 月 30 日/报纸．
翟雪玲，韩一军．2006. 发达国家畜牧业财政支持政策的做法及对我国的启示［J］．中国禽业导刊，23（10）：11－13.
张琳．2012. 世界蛋鸡产业发展历程与趋势预测［J］．中国畜牧杂志（18）：12－16.
张清．2009. 美国和欧盟农产品贸易政策的比较分析及启示［J］．山东经济战略研究（3）：46－49.
赵有樟．1997. 世界畜牧业生产概况及其发展趋势［J］．国外畜牧学（3）：1－8.
郑春宁．2006. 蛋鸡国际育种公司未来策略［J］．中国禽业导刊，23（7）：7－8.
Paul Wylie，Don D. Jones. Best Environmental Management Practices［M］. MidWest Plan Service.

第二部分
中国蛋鸡产业可持续发展战略研究

第三章　中国蛋鸡种业战略研究

第一节　种业发展现状

我国蛋鸡种业包括祖代蛋种鸡、父母代蛋种鸡和商品代蛋雏鸡。蛋鸡种业的持续发展，为我国蛋鸡产业发展提供了有力保障。经过近30余年的育种技术发展，我国先后培育了“京白939”“新杨蛋鸡”“农大3号”“京红1号”和“京粉1号”等系列优良品种。但从种业发展的情况来看，我国目前饲养的商品蛋鸡品种（或配套系）主要以引进为主、国产品种为辅。目前，我国祖代蛋种鸡存栏量保持在55万套左右，父母代蛋种鸡年存栏量保持在1 800万～2 000万套，商品代蛋雏鸡的存栏量约为12亿只。

一、祖代蛋种鸡

目前，我国有22家蛋种鸡企业，通过引进或国产两种方式提供祖代蛋雏鸡。近年来，我国的蛋种鸡企业数量稳定，每年新增的祖代蛋种鸡数量也较稳定。

（一）品种

我国用于商品代养殖的蛋鸡品种主要有引进和国产两类品种，目前从国外引进的蛋鸡品种在我国的市场占有率达到50%以上。引进的主要品种为海兰、罗曼、尼克、伊莎、海赛克斯、雪佛和巴布考克等，国产的主要品种为“京红1号”“京粉1号”“京粉2号”“大午京白939”“农大3号”和“新杨系列”等，国产品种的市场占有率不到50%。

（二）祖代蛋种鸡企业

随着我国蛋鸡产业的快速发展，近年来我国蛋种鸡企业数量有所增长（图3-1），2006年我国蛋种鸡企业16家，到2012年年底，我国祖代蛋种鸡企业22家。这22家祖代蛋种鸡企业主要分布于12个省（自治区、直辖市），且以北方为主（表3-1），其中河北6家，北京3家，山东、辽宁、河南各2家，江苏、浙江、陕西、四川、上海、宁夏和安徽各1家。

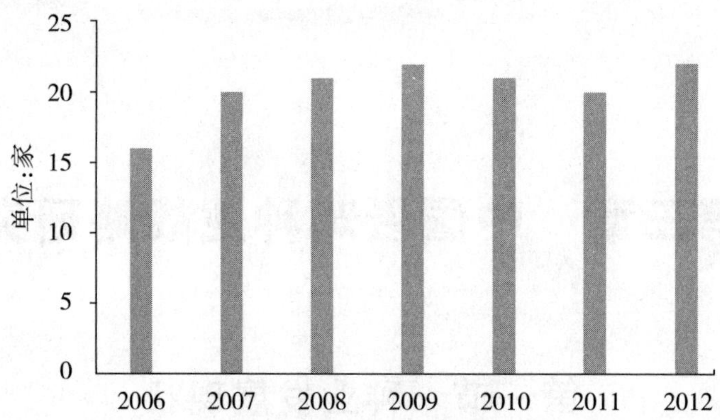

图 3-1　我国 2006—2012 年祖代蛋种鸡企业数量变化

数据来源：中国禽业协会。

表 3-1　我国 2006—2012 年新增祖代蛋雏鸡数量

年份	全国新增（万套）	进口祖代		国产祖代	
		数量（万套）	所占比例（%）	数量（万套）	所占比例（%）
2006	35.49	24.49	69.01	11.00	30.99
2007	37.39	24.39	65.23	13.00	34.77
2008	55.58	36.28	65.28	19.30	34.72
2009	54.75	29.25	53.42	25.50	46.58
2010	58.35	28.35	48.59	30.00	51.41
2011	60.89	24.39	40.06	36.50	59.94
2012	54.80	25.11	45.82	29.69	54.18

数据来源：根据仇宝琴等的《2012 年我国蛋鸡生产状况及 2013 年展望》进行计算。

（三）新增祖代蛋雏鸡情况

近年来，我国蛋种鸡企业以市场为导向，根据商品代蛋鸡的市场需求情况，调整祖代蛋雏鸡数量。从总体上来看，近年来我国祖代蛋雏鸡的数量呈现增长的态势，且在新增的祖代蛋雏鸡总量中，国产祖代所占比例逐步上升（表 3-1），2012 年新增国产祖代蛋雏鸡数量占全国新增总量的 54.18%，其中，我国国产的品种主要为“京红 1 号”“京粉 1 号”“京粉 2 号”“大午京白 939”“农大 3 号”和“新杨系列”等，“京红”和“京粉”系列在 2012 年共新增 24.19 万套，占我国国产品种的 81.48%。

（四）品种引进情况

近年来，我国蛋种鸡企业引进的蛋鸡品种和数量经历了一个由少到多，又由多到少的波动周期。目前，我国 17 家主要蛋种鸡企业*引进的蛋鸡品种基本稳定，但引

* 此 17 家蛋种鸡企业参与中国禽业协会的信息监测工作。

进的数量有所减少。

1. 引进数量

2004—2008 年，我国 17 家主要蛋种鸡企引进祖代蛋种鸡的数量不断增加，到 2008 年达到 45.89 万只，随后引进的祖代蛋种鸡数量逐步下降。之所以在 2008 年以后我国主要蛋种鸡企业引进的祖代蛋鸡数量下降，主要原因在于 2008 年我国某大型祖代蛋种鸡企业因疫病原因导致父母代种鸡断供，种鸡价格大幅上扬。另外，“海兰与峪口分手”事件也激励了一些祖代鸡育种企业争夺市场空间，竞相从国外引种，导致祖代鸡超过了正常的市场需求量，价格回落，再加上个别企业因出现鸡白痢、鸡白血病等问题而退出市场，因而导致了近年来祖代蛋鸡引进量减少，2012 年引进的祖代蛋种鸡数量下降到 23.01 万套（图 3-2）。

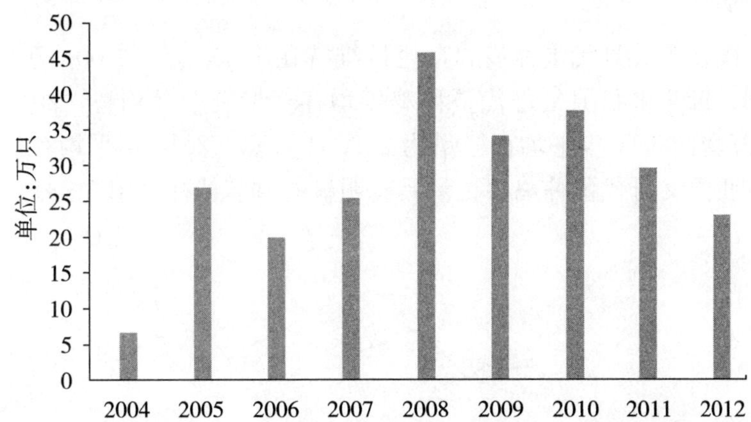

图 3-2　我国 2004—2012 年全国主要祖代蛋种鸡企业引进祖代蛋种鸡情况

数据来源：中国禽业协会。

2. 品种结构

我国引进的蛋鸡品种主要为海兰、罗曼、尼克、伊莎、海赛克斯、雪佛和巴布考克等系列。其中，海兰所占的比重最大（表 3-2），但是近年来所占引种比重具有下

表 3-2　我国 2006—2012 年引进蛋种鸡品种及数量（万只）

年份	引进数量	主要品种引进数量			
		海兰	罗曼	海赛克斯	尼克
2006	19.95	15.83	2.96	1.16	0
2007	25.51	16.91	4.36	1.46	1.55
2008	45.89	33.94	2.68	1.76	0.68
2009	34.22	24.17	4.14	2.13	1.10
2010	37.93	23.64	5.69	1.58	1.10
2011	29.71	24.60	2.57	1.29	0
2012	23.01	16.04	5.69	0	1.28

数据来源：中国禽业协会。

降趋势。2012 年我国 17 家主要企业共引进祖代蛋雏鸡 23.01 万只，其中海兰为 16.04 万只，海兰占总引进祖代蛋雏鸡的 69.71%。

（五）祖代蛋种鸡存栏情况

根据中国禽业协会的历年监测数据分析，近年来我国的祖代蛋种鸡存栏量虽有波动（2009—2012 年全国祖代蛋种鸡存栏量分别为 64 万、54 万、47 万和 48 万套），但当祖代蛋种品均存栏量在 36 万套左右时，即可满足市场需求，因此我国祖代蛋种鸡存栏量可以满足产业链下游的需求。

二、父母代蛋种鸡

目前，我国在产父母代蛋种鸡的存栏量维持在 1 800 万～2 000 万套。根据中国禽业协会监测，近年来我国父母代蛋种鸡年均存栏量有上升趋势，2010 年平均存栏量为 369.15 万套，2011 年平均存栏量为 389.04 万套，2012 年平均存栏量为 399.69 万套。此外，我国父母代蛋种鸡存栏量具有明显的季节特征（图 3 - 3）。

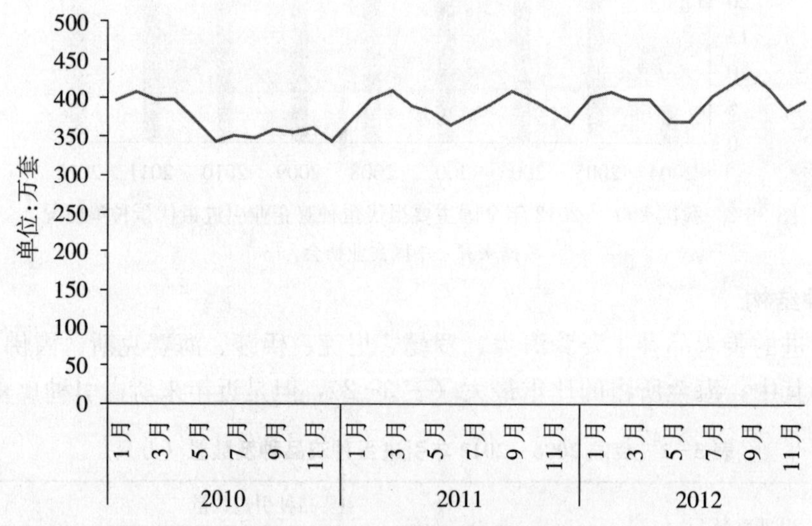

图 3 - 3　我国 2010—2012 年父母代蛋种鸡存栏情况

数据来源：中国禽业协会。

三、商品代蛋雏鸡

2009 年以来，我国商品代蛋雏鸡存栏量呈现下降趋势（图 3 - 4），至 2012 年年底，我国商品代蛋雏鸡存栏量保持 12.04 亿只。同时，我国商品代雏鸡存栏量具有明显的季节性特征。

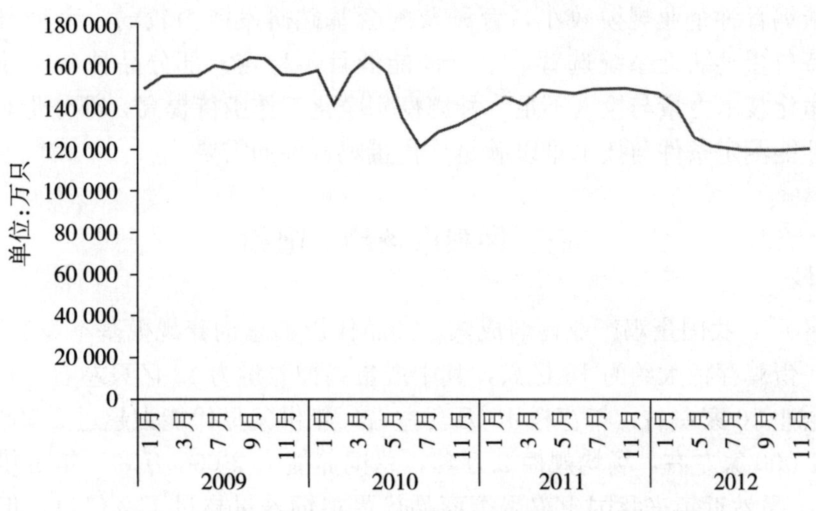

图 3-4　我国 2009—2012 年月度商品代蛋雏鸡存栏情况

数据来源：艾格农业。

第二节　种业存在问题

改革开放以来，我国蛋鸡产业发展迅速。1985 年至今，我国鸡蛋产量已经连续27 年位居世界第一位，我国成为世界上最大的鸡蛋生产国。我国于 20 世纪 70 年代开始蛋鸡育种，已经培育了“京白 939”“农大 3 号”“京红”和“京粉”等多个系列蛋鸡品种，形成了较为完整的曾祖代、祖代、父母代和商品蛋鸡良种繁育体系，为我国蛋鸡产业发展作出了重大贡献。但是，目前我国蛋鸡产业仍然相对滞后，制约着我国蛋鸡产业的发展。

一、过度依赖进口品种

作为世界第一位蛋鸡生产大国，蛋鸡生产中使用的良种绝大部分需要国外进口，这不仅与我国蛋鸡生产大国的地位极不相称，每年需要花费大量的外汇，而且也增加了动物疫病传播的风险，给蛋鸡产业持续健康平稳发展增加了不稳定因素。

同时，由于蛋鸡繁育体系的特殊性，我国的蛋鸡育种长期受到几个世界育种集团公司的制约与冲击，再加上育种公司本身在资金、技术和人才上的投入相对缺乏，更使得蛋鸡育种举步维艰，广泛存在“只引不育”和“只繁不育”的现象，过渡依赖进口品种，严重阻碍了我国蛋鸡育种产业的进展。

二、育种技术仍存差距

我国的蛋鸡育种虽然取得了一定的成绩，但与发达国家还存在一定的差距。目前，我国蛋鸡育种企业规模较小，育种及配套基础研发能力较弱，育种目标不够长远；地方特色蛋鸡缺乏系统选育，生产性能低且不稳定，部分品种蛋用性能逐步退化；疫病净化技术力量与投入不足，种源疫病净化工作亟待提高；部分蛋鸡育种企业场内生产性能测定条件与技术难以满足现代蛋鸡育种的需要。

三、种鸡市场趋于饱和

2000年后，我国蛋鸡产业逐渐成熟，商品代蛋鸡总饲养规模基本没有明显扩展。我国商品代蛋鸡存栏大约为15亿只，其中产蛋鸡饲养量为12亿只左右。目前，我国培育祖代企业20家左右，年存栏40万套左右，年供父母代能力超过2 500万套；父母代鸡场1 000家左右，场均规模2万套，总饲养能力2 000万套，年可供商品代蛋鸡20亿只。虽然近年来我国土鸡蛋等商品代蛋鸡饲养量超过了2亿只，但总体上祖代、父母代和商品代产能过剩，比实际市场需求超过20%以上。由于产能过剩，蛋鸡品种形成了激烈的市场竞争态势，种鸡市场的价格趋于下降，种鸡企业经济效益下滑，部分进口国外品种的祖代蛋种鸡企业甚至处于亏损状态，也进一步影响了蛋种鸡企业在育种上的投入。

四、种鸡行业门槛较低

虽然我国蛋鸡良种从数量上已经完全能够满足我国蛋鸡养殖对良种的需求，但仍然存在一些问题。我国蛋种鸡养殖门槛较低，没有准入制度，导致仍然存在大量不符合生物安全的中小型蛋种鸡场。这些种鸡场对一些垂直传播的疾病（如鸡白血病等）净化力度和措施不够，从而给蛋鸡养殖造成极大的不利影响。

第三节　育种业发展趋势

一、市场竞争更加激烈

随着我国蛋种鸡市场呈现饱和趋势，蛋种鸡的市场竞争将更加激烈，主要体现在品牌和生产性能的竞争。我国从国外引进的祖代蛋种鸡主要是海兰、罗曼、尼克等国际知名品牌，随着国内育种企业自主品牌的发展，以及地方种质资源的有效利用，国外育种公司争夺国内市场的局面可能再次出现。而各类蛋种鸡企业争取养殖企业（场、户）的主要策略是满足养殖企业（场、户）的需求，即品牌和生产性能的竞争将成为市场的核心竞争力。

二、国内新品种扩张

受 2008 年某些蛋种鸡企业在品种扩繁过程中出现鸡白痢、鸡白血病等问题的影响，我国近年来逐步减少了祖代蛋种鸡的引进。国内一些实力较强的育种企业，受思维惯性和生产惯性的影响，具有减少对国外种鸡的需求趋势。另外，随着国内新品种的推广，当祖代蛋种鸡的国际市场价格大幅度上扬时，大中型育种企业会使用稳定性能高、价格低廉的国内替代产品。同时，国内中小型育种企业为降低成本，也会增加对国内品牌的需求。另外，国内一些蛋鸡育种公司和育种研究机构为了和世界先进的育种技术接轨，会尽量减少国外祖代蛋种鸡的引进。

三、科技创新与示范推广速度加快

我国蛋鸡育种过去侧重于学术和技术层面的研究与理论创新，在一定程度上缺乏新品种的推广与市场化应用。目前，在我国自主培育的多个系列品种中，主要有“京红 1 号”“京粉 1 号”“农大 3 号”等品种进行了大范围的市场推广，并且经过多年的努力已经占有了较高的市场份额。随着科技创新加快，特别是以市场需求为导向进行蛋鸡新品种的培育和遗传改良，适应于不同饲养条件和满足居民对蛋品的差异化需求的优良品种经过示范推广、特别是商业化运作，将进一步提高我国自主培育品种的市场占有率。

第四节　战略思考及政策建议

改革开放以来，我国蛋鸡育种技术不断提高，品种创新和种鸡生产关键技术研究更加成熟，新品种不断涌现并逐步在国内提高市场占有率。同时，截至 2012 年年末，我国建成了 20 多个蛋鸡祖代场和 1 500 多个父母代场，良种供应能力不断提高，建立了两个部级家禽质检中心。我国种业健康的发展，有力保障了蛋鸡品种的质量。

但是，从我国蛋鸡种业发展的现状来看，仍然存在一些问题，未来我国蛋鸡种业既面临诸多挑战，也面临良好的发展机遇。

一、挑战与机遇

（一）挑战

我国蛋种鸡业发展的挑战主要来自于育种技术难度加大，以及我国蛋种鸡企业的市场运作能力亟待提高。

1. 育种技术

在育种技术方面：①正面临选育指标正接近蛋鸡生理极限，即蛋鸡正在接近每天一枚蛋的极限，使得常规选育和改良的难度加大，迫切需要更好的选育方法；②性状间的平衡问题，在蛋鸡育种中因产蛋量过高也可能导致产蛋鸡骨质疏松，发生鸡产蛋疲劳综合征，需要通过平衡育种方案来保持性状间的协调发展；③次级性状的重要性变得越来越突出，抗病力、对应激的耐受力这些关系到适应性的性状将受到广泛重视。

2. 商业运作

近年来，我国蛋鸡种业的发展，主要是以企业为主体参与市场推广和竞争的结果。通过多年的经验积累，虽然我国以商业化方式运作的蛋鸡育种企业仍在高效运转中，但面对未来激烈的市场竞争，需要我国的育种企业建立现代管理模式，以市场为导向，采取科学的市场营销模式，针对目标市场，采取差异化战略方式，主动掌握下游主体的需求特征，进而采取合理的策略积极提高市场份额。同时，需要提升蛋种鸡企业延伸相关服务能力。

（二）机遇

我国蛋种鸡业发展的机遇主要来自于国家政策的大力支持，以及鸡蛋市场的多元化需求发展。

1. 国家政策支持

国家十分重视国内自主品种的培育和持续发展。“十二五”期间，国家将实施“全国蛋鸡遗传改良计划”，将种蛋鸡种业作为基础性、战略性产业予以重点支持；并明确了总体目标：到2020年，培育8～10个具有重大应用前景的蛋鸡新品种，国产品种商品代市场占有率超过50%；提高引进品种的质量和利用效率；进一步健全良种扩繁体系；提升蛋鸡种业发展水平的核心竞争力，形成机制灵活、竞争有序的现代蛋鸡种业新格局。在国家政策的支持和引导下，我国蛋鸡育种将加快技术进步和条件建设，未来品种创新与种鸡生产关键技术研究将更加成熟。

2. 多元化需求形成

随着居民收入水平提高，消费者对鸡蛋质量的要求越来越高，对鸡蛋的蛋形、蛋重、蛋壳颜色及饲养方式等都形成了不同的消费者偏好，消费者的消费方式也在逐步变化中，鸡蛋的多元化市场需求日益形成，为我国蛋鸡育种业根据不同市场需求、开展市场细分提供了良好的基础。多元化的市场需求特点，在激烈的市场竞争背景下，也为我国选育适应市场需求的蛋种鸡提供了良好的契机。

二、战略思考

根据我国蛋种鸡业发展现状与存在的问题，特别是当前面临的挑战和良好机遇，应建立“1234”的战略模式，进一步推动我国蛋种鸡业的持续发展。

1. 一个目标

即进一步提升我国自主蛋鸡品种的市场竞争力，从而确保我国蛋鸡产业稳定健康发展。在未来我国蛋种鸡业发展过程中，需紧紧围绕这一目标，开展蛋鸡选育及加快品种创新，进一步提高我国自主选育的蛋鸡品种的市场份额。

2. 两个原则

应坚持“市场为导向”和“企业为主”的两个原则，密切注意蛋种鸡下游市场变化的特征和新趋势，加快科技创新，通过多种育种技术加快选育适应市场需求的品种；同时，以育种企业为主体，加大“产、学、研”合作力度，加快新品种的推广和营销，提高企业的售后服务能力。

3. 三个方向

在育种的方向上，要紧密围绕“节粮、地方品种、饲养方式”的主要方向，根据国家蛋鸡遗传改良计划，采取创新技术，加快蛋鸡育种，形成多个满足我国粮食安全需要、地方品种资源有效开发和不同饲养方式的新品种。

（1）节粮。随着我国蛋鸡养殖总量的增长，对于饲料的需求较大，在一定程度上对我国粮食安全问题带来压力；再加上现有品种的蛋鸡生产性能已经接近极限，可以提高的空间已经不是很大，在这种情况下提高蛋鸡的产能及产蛋效率显得尤为重要。因此，在相当长的一段时期内，节粮或者说降低料蛋比将是育种的关键和方向，培育节粮、饲料转化率高的蛋鸡品种也是大势所趋。

（2）地方品种。在激烈的市场竞争中，蛋鸡种业应根据消费者的需求，科学把握消费者对鸡蛋的营养、口感、蛋形、蛋重、蛋壳颜色等的偏好程度，在提升蛋品质的同时，加快地方品种的选育、改良。目前，我国有地方鸡种107个，是世界地方鸡种资源最为丰富的国家，也形成了23个国家级地方鸡保护品种，为培育特色蛋鸡新品种积累了丰富的育种素材，为有效开发地方品种提供了机会。

（3）饲养方式。目前，我国在产的12亿只蛋鸡，基本上都是规模化的笼养鸡。随着消费者对蛋鸡饲养方式偏好的变化，一些高端消费群体不仅注重蛋的品质，而且也对散养模式所生产的鸡蛋给予青睐，且散养鸡蛋的价格也远高于笼养鸡蛋的价格。因而，在育种方向上，选育适宜林地、果园散养或放养的品种，将是未来市场开发的一个方向。

4. 四个完善

重点是完善我国育种以及市场开发的体系建设。①重点完善蛋鸡良种选育体系建设，遴选国家级蛋鸡核心育种场，在国家级蛋鸡核心育种场开展蛋鸡新品种培育工作，通过整合育种优势资源和技术，优化育种方案，完善育种数据采集与遗传评估技术，开发应用育种新技术，培育高产蛋鸡和地方特色蛋鸡新品种，进一步提高选育已育成蛋鸡品种的质量，促进蛋鸡品种国产化和多元化，并净化垂直传播疫病。②健全国家蛋鸡良种扩繁推广体系，打造在国内外有较大影响力的“育（引）繁推一体化”

蛋种鸡企业，提升蛋种鸡扩繁场建设水平，净化种鸡主要垂直传播疫病。③加强国家蛋鸡育种技术支撑体系建设，完善蛋鸡生产性能测定体系，研发蛋鸡遗传改良核心技术。④健全和完善种业市场体系建设，进一步加强信息监测，引导育种企业形成引进与自主培育品种的良性竞争和共同发展，同时优化种业格局，提高育种企业集中度，适应优势产区的蛋种鸡供给。

三、政策建议

1. 保护国内外知名品牌，形成良性竞争机制

目前有些育种企业引进并饲养国外知名品牌祖代蛋种鸡，通过收集对比重要参数，增强自主品牌的竞争力。我国应借鉴国内外知名品牌的先进经验和技术，建立高水平、大规模的蛋鸡育种企业，加强国际合作和交流，在竞争中不断提高企业实力，为养殖户提供优良祖代蛋种鸡。

2. 与市场需求接轨，培育优良蛋鸡品种

应以市场需求为导向，加大优良品种培育，积极发展地方种质资源，针对不同客户需求，实行多元化品牌战略。

3. 加大蛋鸡育种科技创新，开拓国外市场

随着国际蛋鸡品种生产性能的不断提高，育种公司规模越来越大，数量越来越少，呈垄断态势。我国自主品牌的蛋鸡产业要想在激烈的竞争中生存和发展，必须联合起来，加大蛋鸡育种科技创新，努力开拓国外蛋鸡育种市场，缓解国内祖代蛋种鸡市场饱和的状况，阻止恶性竞争，实现蛋鸡产业的可持续发展。

4. 加大资金扶持力度

家禽育种是一项高投入、高技术、高产出，但也存在较大风险的产业。为提升我国蛋种鸡业的市场竞争力，应加大资金扶持力度，对于优势育种企业必要的设备和科研创新提供扶持。同时，应进一步加大对新品种选育的项目支持，为新品种选育提供良好的科研条件。

5. 加快人才培养

以市场为导向的育种企业，在进行市场开发、科技推广与示范、延伸服务链条的过程中，急需一大批既懂市场又懂专业的人才。应积极出台相关职业人才的培训，加大人才培养和培训力度，并考虑出台相关职业资格保障体系，加快优良蛋种鸡的科技示范与市场推广。

参 考 文 献

仇宝琴，宫桂芬，腰文颖，等.2013. 2012 年我国蛋鸡生产状况及 2013 年展望［J］. 中国家禽，35（增刊）：3-9.

薛凤蕊，秦富.2013. 我国主要企业引进祖代蛋种鸡变动分析及预测［J］. 中国家禽，35（增刊）：23－27.
杨宁.2001. 蛋鸡育种的现状和发展展望［J］. 中国禽业导刊，18（10）：9－13.
杨宁.2013. 全国蛋鸡遗传改良计划与品种创新［J］. 中国家禽，35（10）：32－35.
张冬冬.2013. 我国蛋鸡育种情况及未来育种趋势［J］. 中国家禽，35（增刊）：31－33.

第四章　中国蛋鸡疾病控制与生产发展战略研究

第一节　疾病控制发展战略

一、存在的主要问题

虽然我国蛋鸡疫病控制方面较以前有了很大的进步，政府、研究机构、养殖场也都足够重视这个方面，但仍然与发达国家有差距，主要是因为存在以下几个方面的问题。

（一）养殖模式限制了疫病的防控

我国的蛋鸡养殖仍然处在“小规模，大群体”的发展态势中，这一发展态势在短时间内改变的可能性不大，这种养殖模式下的蛋鸡养殖存在很大的生物安全问题，疫病的发生往往无法很好地应对，最为重要的是固定资产的投入就限制了疫病的防控，尤其是目前我国蛋鸡养殖和生产形式依然是开放式和半开放式鸡舍，鸡舍的环境控制和疾病预防存在很大难度，大多数鸡舍的防菌、抑菌、杀菌设备不齐全，为了省成本、获取高利润，养殖主体对养殖环境改善的重视程度不够，极大地影响了疫病的防控。

（二）养殖主体的疫病防控意识仍然不高

许多蛋鸡养殖场的饲养人员技术水平和素质参差不齐，逐利思想严重，疫病防疫意识淡薄，虽然大多数人受过相关的培训，但实际培训效果并不理想，主要是因为没有学到位，在实践效果上就会有差距。

（三）监测工作缺乏财政支持，监测工作落实难度大

动物疫病监测工作是动物防疫的基础性工作，是一项耗费大量人力、财力的工作，并且短期无法看到明显的经济效益，没有一定的经济支撑是无法开展的。财政有一定的监测经费下拨，但远不能达到完成所下达监测任务的所需经费。

（四）对重要疫病防控认知存在偏差

我国禽蛋养殖主要以小规模饲养为主要养殖形式，由于养殖规模小，分散养殖是

我国禽蛋养殖的主要特点，大部分养殖场对禽流感等重大疫病的认知和防控意识存在偏狭，未能采用科学、有效和有针对性的措施实施重要疫病防控。疫苗的使用在一定程度上能降低禽流感等疾病的发生和蔓延，但从科学的角度分析，疫苗并非万能，它并不能从根本上阻止病毒感染并清除病毒，从而减少因感染病毒造成的发病甚至死亡，换句话说，疫苗的预防和控制重大疫病的功效是有限的，而我国大部分养殖户对疫苗产生严重依赖心理，缺乏科学防疫知识和认知，在一定程度上对我国禽蛋养殖降低疫病发生概率并没有起到良好的作用。

（五）动物防疫宣传工作受阻

由于我国禽蛋分散化养殖的特点，我国在针对禽畜养殖户的疫病防控工作方面存在一定的缺陷，主要表现在：养殖户分散，不便于统一宣传；经费有限，宣传力度不够；禽病防疫专业技术人员短缺；养殖户接受防疫知识能力有限；宣传工作监管存在漏洞，执行任务常常不能落实到位。

二、疫病防控技术发展趋势

随着科学技术水平的提高，在经济全球化、贸易自由化大趋势大背景下，动物疫病防控技术的交流与合作，将不仅仅局限在国家内部的科技技术研究和开发、推广，随着禽蛋产业的持续发展和产业技术水平的升级、产业结构转型，疫病防控技术将朝着多边合作、多元化防疫、纵向一体化、以科技为主导的现代动物疫病防控方向发展的趋势是显而易见的。

（一）多边合作

动物疫病防控问题不仅仅局限在某个国家存在，也不是某一个国家单独面临的问题，动物疫病的发生和传染没有国界，没有民族、种族之分，所以，动物疫病综合防控工作和未来的发展趋势将朝着多个国家共同研讨、交流合作、达成共识的方向发展。针对类似的动物疫病，国家与国家之间通过交换意见，吸取经验教训和借鉴成功应对措施以提高动物疫病综合防控的水平和实现预期目标；对于不同疫病，或者是发生在世界某个局部地区的偶然性或新发生疫病，为防止致命疫病的蔓延和扩散，国家之间会更加紧密地联合起来，借鉴以往的应对经验，根据实际情况和具体病情，以科学技术为主导，开展广泛而深入的动物疫病综合防控工作。总而言之，面对未来诸多不确定性的动物疫病和疫情，国家与国家间只有携手合作，才能有先进的科学技术手段来防疫和控制未来不可预控的动物疫病，这是未来国际社会疫病防控技术发展的趋势。

（二）多元化防疫

动物疫病防控技术发展将随着社会发展和科学技术水平的提升朝着多元化方向发

展。即动物疫病防控技术不仅仅局限在疫苗、消毒灭菌、无公害化处理等环节，多元化的动物疫病防控手段将是我国乃至世界动物疫病防控技术发展的新方向和趋势。

（三）纵向一体化防疫

目前的动物疫病防控工作和目标主要是针对禽蛋养殖场—收购环节—流通环境—销售环节整个产业链中的某一个环节独立开展疫病防控和监督工作，未能从产业链整个体系中开展系统而深入的动物疫病防控工作。随着禽蛋产业结构升级和养殖规模的扩大，禽病防疫工作的内容和形式将随着禽蛋产业的发展而发生变化，尤其是在食品安全问题愈演愈烈的现实条件下，从产业链的每一个环节入手抓好禽病防控工作将是未来动物疫病综合防控工作的重要内容之一，即从禽蛋产业链的源头上开展免疫、疫情监测工作，并在禽蛋产业链的每一个环节设置关卡落实免疫、疫情监测、消毒灭菌等预防性措施，从每一个环节上严格控制和预防禽病的传播和扩散，进而提升动物疫病综合防控综合水平，这是未来我国动物疫病防控技术的发展趋势。

三、发展机遇

（一）防疫技术创新

随着科学技术发展步伐的加快，疫病防控技术的更新和升级将随着人类知识储备结构升级和对动物疫病防控全方位攻坚的需求应运而生。动物疫病防控技术的创新将朝着信息化、标准化、规范化、产业化方向发展，防控技术系统的结构将更加完善，层次更加清晰，目标更加明确，对象更加多元。

（二）人才培养

人才培养是攻破动物疫病防控难关，创新动物疫病防控机制体制的关键环节。目前的人才培养主要集中在动物医学技术人员的专业技能和职业道德素养培养，今后，随着社会进步和国家间交流与合作频率的增加，动物疫病防控体系中的人才培养将朝着多元化、多层次、全方位的目标和方向推进和完善，包括防疫技术人才培养、职业经理人培养、专业管理人才培养等。

四、战略思考

为推进我国蛋鸡产业疫病防控系统突破疫病防控技术难关，抢占动物疫病防控技术战略制高点，基于我国实际国情，提出以下战略思考。

1. 一个目标

即全面提升我国动物疫病防控水平。突破传统动物疫病防控思维，从全方位、多层次、宽领域的视角全面推进我国动物疫病防控结构优化升级，疫情监测水平迈上新台阶。

2. 三个方向

在完善动物疫病防控体系方面，紧密围绕着“疫病监测及时性，疫病理论基础研究前瞻性和疫病防控人才培养专业化”三个方向，推动我国动物疫病防控机制体制逐步与国际接轨。

3. 一个原则

即坚持“重在防，防治结合”的原则，以预防作为我国动物疫病防控工作的出发点和落脚点，治疗作为侧重点，防治有机结合，提高我国动物疾病防控和治疗水平。

4. 三个重点

为推进我国动物疫病防控工作迈上新台阶，在朝着既定目标规划和执行中必须牢牢抓住三个重点：净化蛋鸡疫病，研发新型疫苗，信息监测和预警。通过相关各级部门协调配合，强化各主体责任，结合客观实际，紧密围绕着工作重点扎实推进我国动物疫病防控体系全面升级。

第二节　营养与饲料发展战略

一、存在的主要问题

蛋鸡作为以粮食为主要饲料投入品的畜禽品种，饲料产业的发展对蛋鸡养殖业的带动非常大，在饲料生产、使用上仍然存在一些问题。

（一）饲料使用的安全性

我国蛋鸡行业饲料使用安全性主要存在三个方面：①配方不合理。配方不合理导致蛋鸡摄入的营养素、促生长保健类药物等过量。日粮氨基酸不平衡，配制日粮微量元素时不考虑饲料原料的贡献，造成环境排放氮、微量元素的增加。②原料安全性。我国蛋鸡饲料可能存在营养素含量变异大、可利用性差，农药、重金属、微生物及毒素等残留；饲料添加剂超范围、超剂量使用，蛋鸡对添加剂过分依赖等方面问题。③饲料处理不当。混合不均匀、交叉污染、异物（润滑油等）侵入。饲料混合均匀度对幼龄动物影响较大，混合理想状态是使最终饲料产品达到完全均一，每一份样品的营养素含量均应相同。

（二）饲料浪费问题严重

蛋鸡养殖中饲料浪费的数量可以达到饲料总消耗量的3%～10%。其中，直接浪费主要出现在雏鸡开食时将饲料扒到地面上或与粪便混在一起，青年鸡体重太大，料槽破损漏掉，加料过多，运输和装卸过程中的损坏等；间接浪费主要出现在饲料配方不合理造成的营养不平衡，饲料中掺假使饲料中营养不符合标准，饲料破碎大小和均匀度不够，断喙不合理，砂粒补喂不足或缺少砂粒等造成的蛋鸡饲料利用率下降。主要原因还是我国关于饲料营养在蛋鸡体内的消化、吸收、沉积和代谢规律的研究较少。因此，减少饲料浪费是降低成本、增加经济效益的主要措施。

（三）饲料原料及其营养成分差异大

我国幅员辽阔，不同地区气候和饲料资源条件差别较大，同时，缺乏蛋鸡营养需要和饲料原料营养数据库，能准确确定蛋鸡营养需要、饲料营养和添加剂的有效性，而无法精确确定饲料配方。我国蛋鸡饲料利用普遍存在：有效能偏低，饲粮粗蛋白、微量元素及多数维生素明显偏高等。造成这种结果的主要因素在于，配方中非常规饲料原料、饲料添加剂盲目使用，同时，我国豆粕等优质饲料资源匮乏，非常规饲料又未有效利用。

（四）流通环节容易出现安全隐患

在饲料原料的采购环节中，饲料原料供应商处于饲料原料生产企业和饲料产品生产企业之间，监管难度比较大。饲料原料和饲料成品的储存和运输过程中料袋破损、受潮、受热、氧化、发霉等会造成饲料原料和配合饲料的变质。供应商为了一些高额的利润和产品的价格优势，可能会掺入像三聚氰胺这类物质来增加蛋白指标。

（五）饲料营养的调控意识较差

就目前来看，对于饲料营养的调控意识较差，现行蛋鸡生理阶段划分［雏鸡、育成鸡、产蛋鸡（种鸡）、淘汰鸡］较粗，未充分考虑各阶段蛋鸡的消化、繁殖、骨骼等系统生长发育规律。比如商品代产蛋鸡的产蛋高峰期都比较短，除了与产蛋期的饲养管理有关外，很大程度上是因为不重视育成期的饲料营养有关，而且往往蛋鸡饲料中的某些营养素都是乱添加或超量的，这会影响到蛋鸡的养殖。

（六）饲料质量差异，原料检测不全面

客观上讲，饲料总体合格率总体较高，但因为我国饲料原料来源较广，饲料质量安全具有复杂性，危害因素多、危害来源广。目前，饲料检测技术存在很多问题，检测标准并不具有实用性。并且无论是饲料生产企业，还是蛋鸡养殖场在来料时现场检测都不常见。粗蛋白质量、添加剂造假等问题还是目前蛋鸡饲料中的重点问题。

（七）饲料价格不稳定

我国饲料原料价格波动较大，造成饲料价格和鸡蛋生产成本变化较大，但饲料原料价格、饲料价格、鸡蛋价格变化并不同步，造成鸡蛋产业各环节之间利益无法实现高效的配置。

（八）饲料配方不合理

我国蛋鸡养殖品种多，不同生长阶段蛋鸡所需的营养水平不同，由于缺乏蛋鸡营养需要和饲料原料营养数据库，我国主要以小规模为主的蛋鸡养殖户无法对蛋鸡饲料、营养的需求作出准确判断，饲料配方准确度不高。

（九）粮食安全背景下，饲料原料资源日益短缺

我国是世界畜禽养殖大国，也是饲料使用大国，但我国目前耕地逐年减少，粮食安全问题日益突出，饲料原料供给不足已成为制约我国养殖业发展的瓶颈。

二、发展趋势

（一）蛋鸡企业更加注重饲料质量及安全性

随着人们生活水平的提高，人们对食品安全的质量越来越重视，每一次食品安全事件的发生都会使相关企业受到巨大的打击甚至倒闭，对整个行业也会造成极大的负面影响。所以，饲料作为蛋鸡行业的食品安全的重要环节，其质量和安全性也将受到越来越多的关注。同时，蛋鸡行业的从业人员的素质也在不断提高，对于饲料质量和安全性的关注也将从基本的饲料本身，转向饲料的合理搭配、饲料添加剂的科学使用等。

（二）产能向大企业集中，产业一条龙经营，行业集中度不断提升

我国饲料企业集团化企业化加快发展，饲料机械设备大型化趋势明显。自2001年开始，养殖市场和饲料加工市场出现阶段性饱和的迹象，饲料加工及养殖业的单位经营利润越来越薄，整个行业整合重组的势头逐步加强。而在蛋鸡生产中，“公司＋农户”“公司＋基地＋农户”“公司＋农户＋市场”模式不断增多，蛋鸡养殖与饲料生产也不再是两个互相孤立的产业，这种纵向一体化的生产模式，可保证以饲料生产为主业的企业饲料销路的稳定，蛋鸡养殖企业饲料来源的质量安全，也能为自己的签约农户提供更可靠的饲料，保障散养农户鸡蛋质量的安全性。

（三）饲料产品结构的改变

随着养殖配套技术的发展，即使是散养农户的养殖规模也在不断增加，蛋鸡养殖户的饲料使用结构也在不断转变。数据表明，我国蛋禽规模养殖场比重达到83％后，浓缩饲料比重则下降至20.25％。随着我国蛋鸡规模化养殖的推进，浓缩饲料的比例还将继续下降。

（四）饲料原料供应短缺的事实无法回避

随着人口的增加、耕地面积的减少、灌溉用水紧缺，以及自然灾害的增多，我国

主要的饲料用原料供应能力受到的威胁越来越大，原料短缺已经成为困扰行业发展不可忽视的重要因素。

三、发展机遇

（一）科技不断创新

我国目前饲料行业的科研基础条件明显改善，科技创新能力显着增强，科技人才队伍进一步壮大。饲料企业不断发展，新配方不断出现。

（二）政府加强监管

国家不断加强对饲料行业的管理，《饲料和饲料添加剂管理条例》等条例的颁布和实施，表明我国在饲料管理中坚持全面整治的原则，强化饲料安全监督管理，对饲料生产、经营和使用都进行监管，控制饲料生产和使用的质量安全，确保畜产品安全。

（三）流通体系建设

我国以加强产销衔接为重点，不断加强农产品流通基础设施建设，提高流通组织化程度，完善流通链条和市场布局，进一步减少流通环节，降低流通成本，建立完善高效、畅通、安全、有序的农产品流通体系，保障农产品市场供应和价格稳定。

（四）多元化发展

我国饲料加工、设备制造等工艺水平的不断提高，为满足我国自动化喂料技术的推进提供了良好的设备和原料支撑。

四、战略思考

1. 一个目标

我国蛋鸡产业饲料使用的目标是提高饲料利用率。

2. 三个方向

①饲料投入精准化。建立蛋鸡饲料营养数据库，给出不同蛋鸡品种、不同生长时期的蛋鸡每日所需营养成分种类、数量等参考标准，实现蛋鸡饲料品种和量上的精确投入，在充分满足蛋鸡每日营养之外，减少饲料的浪费。同时，应该加大对饲料利用率高的蛋鸡品种的研发和推广力度。②饲料功能多样化。在满足蛋鸡营养需求的前提下，加强蛋鸡饲料的功能性开发，加强对饲料中添加物安全、合理的科学论证。通过饲料中添加中草药、微量元素、益生菌等添加物的方式来辅助改善饲料营养，提升鸡蛋的品质。③喂料设备自动化。加强对蛋鸡喂料设备的研发和改进，对先进设备要做

好推广和示范作用，推进我国蛋鸡养殖中自动喂料设备的推广和普及。减少饲料的浪费，同时提高蛋鸡养殖的效率，节约蛋鸡养殖中人工劳动的使用，降低蛋鸡养殖成本。

3. 两个原则

①安全原则。蛋鸡饲料产业发展必须保证饲料原料生产、饲料加工、饲料流通、储藏及使用的安全性，饲料的使用不能妨害蛋鸡身体健康和鸡蛋的营养安全。②高效原则。饲料使用要做到高效。减少饲料运输、储存、投料等过程中的浪费和损失；提高蛋鸡对饲料吸收和转化的效率。

4. 四个重点

①推进蛋鸡料的来料检测。加强饲料加工企业、蛋鸡养殖场对饲料安全监测意识的教育与宣传，加强源头管理，鼓励蛋鸡养殖场配置饲料监测设备，加大对蛋鸡料来料监测的力度和准确程度。做好饲料质量安全控制。②加强监管。政府要加强饲料生产、流通中的质量监管。同时政府应该做好原料资源的调控工作，保障原料的数量供给，稳定饲料原料价格。③加强流通体系建设。政府要加强我国饲料原料、饲料产品的流通体系建设。为缓解我国粮食产区与养殖区之间地理差异上的矛盾，要对饲料原料、饲料产品的运输给予税收优惠政策，建立区域性粮食、饲料物流中心，合理调配饲料资源。④鼓励饲料企业发展。鼓励饲料生产企业及喂料设备生产企业技术创新、产品创新。一方面鼓励饲料企业保证生产产品的质量，另一方面鼓励饲料企业加强蛋鸡及其他畜禽饲料营养需求研究，改进生产工艺和配方，提升产品的安全性、易用性、科学性。要加强饲料与喂料设备的配套使用的交叉研究工作，实现两种技术的完美结合。

第三节　生产与生产方式发展战略

一、存在的主要问题

（一）蛋鸡生产方式落后

当前我国蛋鸡养殖依然是“小规模，大群体”，小规模低水平的饲养方式仍占相当大的比重，71.39％的鸡蛋由1万只以下的蛋鸡养殖场提供，整个蛋鸡养殖行业尚未建立行业的准入制度，缺乏规划。而且，由于目前是这种“小规模，大群体”的生产方式，使得养殖的标准化问题难以得到实现，主要是因为现在的养殖主体的生产粗放、信息不灵、防疫条件差、标准化程度低、良种化程度不高。

（二）集中笼养，标准难提高

我国蛋鸡养殖主要是以笼养为主，而且蛋鸡养殖表现出集中养殖的发展态势，集中笼养情况下由于受到养殖习惯和改善养殖方式成本较大等因素的影响，在推行蛋鸡养殖标准化上比较难，而且仅仅是提高蛋鸡养殖标准就会受到以上两个主要因素的制约。

（三）生产性能差异大

在我国所养殖的蛋鸡品种比较多，比如海兰系列、罗曼系列、“农大三号”“京红”“京粉”和“京白 939”等，这些蛋鸡养殖品种之间在生产性能上差异并不大。但在蛋鸡养殖过程中，生产环节管理水平、设备配套水平、养殖环境等方面的影响，会造成较大的产蛋率、死淘率和料蛋比的差异，往往管理水平高、设备配套投入、养殖环境好的养殖场的蛋鸡产蛋率高、死淘率低、料蛋比低。

（四）生产风险大

在生产上存在禽流感、自然灾害等生产经营风险，生产风险对于养殖户的影响较大，规模越小的养殖户应对风险的能力就越差。此外，近几年鸡蛋价格的波动幅度越来越大，市场风险对养殖者的打击非常大，严重影响到了其生产决策。

（五）从业人员素质低，缺乏培训和指导

我国蛋鸡养殖业中的从业人员素质比较低，难以做到良好的生产管理运作，且在日常蛋鸡养殖中也缺乏相关的技术能力，除了从业人员本身受教育年限比较短以外，缺乏培训和指导也是导致从业人员素质低的原因。农村地区没有能力组织相关的培训和指导。

二、发展趋势

（一）生产与市场接轨

以前的生产是为了满足生产者自身的需要，随着鸡蛋市场的建立及人们生活水平的提高，对鸡蛋的需求越来越大，已经从原来的自给自足的经营形式逐步发展到与市场对接。养殖商品代蛋鸡规模化的程度达到了 79％的水平，所生产的鸡蛋已经基本上全部实现了市场化的销售。

（二）生产模式和组织的多样化

就目前的发展模式来看，我国蛋鸡养殖不仅仅是不同规模养殖场的独立经营模式，还有“合作社＋养殖场”“企业＋养殖场”等发展模式，蛋鸡养殖的模式越来越多，尤其是 2013 年一号文件提出的新型农业经营组织的建立也会对生产模式的多样化起到非常重要的推动作用。这些与养殖场合作的组织，在蛋鸡养殖和鸡蛋销售上的作用越来越大，提升了蛋鸡养殖场主体的市场地位，增强了其参与市场竞争的能力。

（三）饲养方式自动化、生产资料机械化

我国在引进国外蛋鸡养殖新技术和新设备的基础上，加大了对饲养方式和生产资料的研发，通过这么多年的发展，我国在蛋鸡饲养方式上正在逐步实现自动化，在生产资料投入上逐步推进机械化。这两个方面的发展推进了我国蛋鸡养殖的现代化。

三、发展机遇

（一）规模化、标准化政策推行

规模化养殖已经成为蛋鸡养殖的必然趋势，国家及各级政府就规模化问题提出了很多优惠政策，如以奖代补政策等。而且标准化政策的推行也推进了蛋鸡养殖方式的改善及生产能力的提升。

（二）职业农民培训

国家对职业农民培训非常重视，已经在各地展开工作。虽然目前没有达到预期的政策效果，但随着国家支持力度的增加，职业农民培训将会越来越好，也将会越来越有针对性，从而提升养殖者的素质。

（三）新型农业经营形式

2013年中央一号文件中明确提出了创建新型农业经营形式，比如家庭农场、联户经营、养殖大户等，后期国家及各级政府还会继续增加对这方面的推行和优惠政策的支持，这对于蛋鸡养殖来讲是一个非常好的发展机遇。

四、战略思考

1. 一个目标

实现我国蛋鸡生产及生产方式的现代化。

2. 两个原则

①适度原则。蛋鸡养殖一定要因地制宜，根据实际情况做生产决策，并在充分考察当地蛋鸡养殖行业后，进行适度的蛋鸡养殖。②高效原则。我国蛋鸡养殖发展较快，大多数的养殖户经验非常丰富，但养殖效率比较低，这就需要通过一些政策和措施加以引导，以实现蛋鸡养殖的高效化。

3. 三个方向

①规模化。要想改变现在我国蛋鸡养殖“小规模、大群体”的发展模式，就必须提倡规模化，从根上提升规模。②多元化。蛋鸡养殖方式不是固定的，可以笼养、平养和散养蛋鸡，可以生产特色鸡蛋，同时这也是从动物福利的角度进行考虑的，未来

我国的蛋鸡养殖是多元化的。③专业化。三段式的养殖模式是未来我国蛋鸡养殖的主要模式选择，该模式能够提高目前的蛋鸡养殖效率。

4. 四个重点

①优化蛋鸡养殖格局，尽快形成优势产区。在原有基础上，合理规划蛋鸡养殖，优化蛋鸡养殖格局，从而尽快形成蛋鸡养殖优势区域，以从区域的角度提升蛋鸡养殖的发展能力。②提高行业门槛，提升专业化。提高行业门槛，减少小养殖户的数量，筛选蛋鸡养殖者。在此基础上，还得提升蛋鸡养殖的专业化，从而提升发展水平。③加快标准化进程。标准化对蛋鸡生产和生产方式的影响非常大，需要加快标准化进程，从而更好地为养殖场做好示范推广工作。④建立新型经营主体。蛋鸡养殖主体不是一成不变的，2013 年中央一号文件中提出的家庭农场等新型农业经营模式将是未来我国蛋鸡养殖提升组织化的发展重点。

第四节　环境控制发展战略

一、存在的主要问题

就目前来看，我国蛋鸡养殖业在环境控制方面仍然存在较多问题，主要表现在以下几个方面。

（一）环境控制设备不配套

蛋鸡鸡舍内需要控制的环境比较多，比如温度、湿度、空气、粉尘等，这都需要专门的技术和设备；而蛋鸡养殖场由于受到管理水平、资金、技术等因素的影响，技术和设备的投入存在阶段性，并不是一次性完全配套完成的，虽然是持续性的，但这种持续性的投入对蛋鸡养殖的影响非常大，很容易受到前期投入影响后期投入的现象。而且在这种不能够配套投入的情况下，发展水平很难与国外发达国家相媲美，生产出的产品的质量也受到影响。

（二）投入大，缺乏资金，投资回收期长

环境控制的投入仍然受到资金的限制。蛋鸡养殖的经济效益受鸡蛋价格的影响非常大，而近几年的鸡蛋价格的波动幅度比较大，再加上疫情疾病的影响，蛋鸡养殖的经济效益受到很大的影响，这也就使得养殖主体没有足够的资金投入到环境控制上。即使有资金投入到环境控制设备上，由于投资回收期长，养殖主体对环境控制设备的投入积极性也不高。

（三）认识受到传统养殖影响，示范运用比较低

养殖主体的思想制约了环境控制设备或技术的投入。根据实地调研发现，蛋鸡养

殖主体对蛋鸡养殖所带来的环境问题的态度是，只要是没有环保等部门的监管，就会对该问题忽略，他们认为环境污染并不是他们的问题，没有义务去处置，而且只要是蛋鸡养殖能够坚持下去，影响不到产量，在鸡舍内的环境控制设备和技术的投入就不会增加，停滞不前，从而很难提升其养殖的水平。就目前在标准化推进过程中，所提倡的环境控制体系也没有实现示范运用的目标，主要就是受到养殖主体认识的影响。

（四）缺少现代化的检测体系

目前大多数的蛋鸡养殖场在环境控制上缺乏现代化的检测体系，比如对空气、湿度、粉尘等的检测，主要是因为养殖者认为这些检测设备的投入需要资金，而且受到其对环境控制认识的制约，使得现代化的检测体系没有在养殖环节实现。

二、发展趋势

蛋鸡养殖标准化的示范推广，对蛋鸡养殖中的环境控制问题有很大的影响，可以推进该问题的解决。就目前来看，蛋鸡养殖过程中的环境控制有以下三个发展趋势。

（一）环境控制设备机械化、自动化

就目前的情况来看，发展较好的蛋鸡养殖场的环境控制设备已经实现了机械化，大型的蛋鸡养殖场也都实现了自动化，在技术和设备上已经没有问题，主要是在推广示范上需要进一步加强，中小型的蛋鸡养殖场会逐步实现环境控制设备的机械化和自动化。

（二）环境控制设备投入的配套化

以前的环境控制设备都是零零散散的，并不是一次性投入的，这主要受到养殖主体资金的限制。随着国家推行标准化的发展和优惠政策的相继出台，未来的环境控制设备肯定会以配套的形式进行投入，从而在短期内实现对鸡舍环境的全控制。

（三）环境控制设备投入的科学化

以往的环境控制设备的投入都是没有规划的，养殖主体想投入什么就投入什么，在前期没有做好规划，使得后期投入环境控制设备和技术受到影响，但随着标准化的推进，蛋鸡舍的建设都有科学的规划，环境控制设备的投入也更加合理。

三、发展机遇

（一）标准化推行

标准化政策中明确规定了环境控制设备的投入，而且有一套非常严格的验收体

系。只要是蛋鸡养殖场能按照标准化的要求进行环境设备的更新改造，就能够实现对鸡舍良好的环境控制。

（二）职业农民培训

职业农民培训的内容非常多，包括经营理念、技术设备使用、财务等。职业农民培训，可以转变人们对环境控制技术或设备投入的意识，而且能够让从业人员获得技术，学会如何使用机械设备，为之后投入环境控制设备做准备。

（三）机械补贴，逐年增加

国家农业生产中的机械补贴政策支持力度越来越大，环境控制设备也包含其中。最为重要的水帘、清粪机等设备，通过政策的激励，养殖者可以节省部分投入资金，买到质量好的环境控制设备。

（四）科技创新力量不断加强，新技术不断出现

环境控制新设备或新技术不断出现，与之相配套的科技创新力量也在不断加强，这就为环境控制提供了良好的发展基础，在研究方面为环境控制做好了准备，真正做到了产学研结合的发展目标。

四、战略思考

1. 一个目标

实现我国蛋鸡生产稳定，并提高蛋鸡生产性能。

2. 四个原则

①健康原则。环境控制设备的投入就是为了蛋鸡养殖的健康发展，而且在使用环境控制技术或设备的时候也要保证蛋鸡养殖的健康性。②配套。由于环境控制不只是一方面，需要配套的技术或设备的投入以实现蛋鸡生产性能的提高。③低成本。养殖主体对投入资金的承受能力有限，低成本的原则是非常有必要的。④简便。蛋鸡养殖从业人员素质比较低，这需要环境控制技术或设备尽量简便，以更好地推广利用。

3. 两个方向

①信息化。要想提升蛋鸡养殖过程中的环境控制水平，就必须实现环境控制的信息化，从监控、预警等角度实现这一方向。②智能化。为了节约劳动力成本，环境控制的另外一个方向就是智能化，即能够在省力的情况下简便地使用环境控制技术或设备。

4. 四个重点

①机械化推进，节省人力。在传统蛋鸡养殖中，人力在环境控制中占了很大一部分，而现在的重点就在于实现机械化以替代人力，从而达到节省人力的目标。②节

能。环境设备需要能源作为动力，节能既可为养殖者节省成本，也节约了国家资源。③加快配套技术的研发和推进。加大对环境控制技术和设备的研发，因地制宜，创新环境控制配套设备投入模式，积极推进投入模式的示范推广。④多元化。对于某一环境因素的控制可以采用多种技术或设备，以实现更为有效的环境控制。

第五节　废弃物发展战略

一、存在的主要问题

我国蛋鸡废弃物的处理虽然取得了一定的成就，但目前还是面临着废弃物处理困难的现状，需要深入分析存在的问题并有针对性地去解决。我国蛋鸡废弃物处理存在的问题主要表现在废弃物自身、处理过程中、加工产品、产品的使用及其他方面。

（一）蛋鸡废弃物自身容易造成环境污染、含水率高、处理困难

蛋鸡废弃物自身主要存在两个问题：①蛋鸡废弃物造成了环境污染，而且在处理过程中会出现二次污染问题。主要是因为当蛋鸡废弃物排入水体时，其总量往往超过水体能自然净化的能力，从而改变水体的特性，使水质变坏，人们的身体健康就会受到威胁。蛋鸡粪可对空气造成了很大的污染，也会对人和动物的健康产生不良影响和危害。由于我国蛋鸡生产区域比较集中，蛋鸡粪使用不规范，施用量往往会超过土壤本身的承载力，破坏了土壤结构。而且，在蛋鸡废弃物在运输和处理过程中也会造成对环境的污染，尤其是空气污染严重，并且这种情况还比较普遍。②蛋鸡粪含水率高，处理比较困难。在蛋鸡粪处理过程中，含水率高是处理过程中最为困难的技术难题。尤其是在春夏季（6～10月）含水率高达85～95%，秋冬季（11月至翌年5月）含水率也能达到55%左右，究其原因主要在于大众化蛋鸡舍的风机对蛋鸡粪的干燥基本上不起作用、水帘舍湿度大、春夏季蛋鸡饮水量增加、饮水器漏水，以及蛋鸡饮水接触漏水等。

（二）各主体蛋鸡废弃物处理过程中存在的问题

蛋鸡废弃物处理过程中，各主体自身存在的问题往往影响到废弃物的有效处理。具体来看：①中小养殖主体无法承担处理废弃物的成本。多数农户按照传统养殖模式分散养殖，处于维持生计的微利状态，而小规模养殖企业中有不少企业亏损，无力处理蛋鸡废弃物。②大型蛋鸡养殖企业对其自有蛋鸡废弃物的处理存在处理率不高、价值认识不足的问题。根据作者的实地调查，蛋鸡养殖企业对自有蛋鸡粪的处理能力有限，基本上所有的蛋鸡养殖企业的蛋鸡粪并不都是经过无害化处理再出售给种植户。而且大多数的蛋鸡养殖企业处理废弃物主要是因为废弃物对其发展产生了负面影响，没有把蛋鸡粪作为蛋鸡养殖新的利润增长点。③蛋鸡废弃物处理厂存在的问

题。该主体主要存在经营管理不规范、企业运作观念淡薄、处理技术选择盲目、处理能力普遍较低、资金短缺、前期投资大、辅料资源短缺、价格较高等问题，这些问题严重制约了蛋鸡废弃物处理厂的发展，也对各主体蛋鸡废弃物有机肥化处理产生了负面影响。

（三）蛋鸡废弃物产品存在的问题

蛋鸡废弃物产品存在以下几个问题：①产品缺少质量标准体系的建立。虽然有有机肥生产标准，但没有蛋鸡废弃物有机肥专有的生产标准，尤其是对有机肥含水率的规定，不能有针对性地指导蛋鸡粪的无害化处理。②蛋鸡废弃物处理原料安全问题严重。其中，城市污泥严重地冲击了有机肥市场。一些鸡粪加工厂，为了降低蛋鸡粪的含水率和减少成粒的成本，在蛋鸡粪里面添加城市污泥，损害了有机肥使用者、厂家的利益，致使有机肥市场信用受到很大考验。③产品使用存在季节性。因为农作物的生长是有周期的，对农作物的施肥有季节性，致使蛋鸡废弃物产品使用上存在明显的季节性，而且季节性的不同导致了价格的差异，淡季时的产品堆积导致损耗，浪费了资源。④蛋鸡废弃物肥料的价格受到运输和使用它的农产品市场的双重制约。蛋鸡粪有机肥是没有运输的政策优惠的，有机肥的运输成本要比化肥高出1倍多，有机肥在价格上没有竞争优势。⑤蛋鸡废弃物作为沼气燃料使用技术不成熟，容易造成二次污染。蛋鸡粪制作沼气纯度比较低，并且热量小。沼气使用上也存在明显的季节性，在秋冬季节产气少，不够用，在春夏季节产气多，又用不了。此外，蛋鸡粪制作沼气还很容易造成二次污染，尤其是沼渣和沼液的处理容易造成环境污染。

（四）存在的其他问题

除了以上的分析外，蛋鸡废弃物的处理还存在以下几个问题：①蛋鸡废弃物处理与当地产业发展不配套。全国很多地方的蛋鸡粪处理未能和当地的产业发展联系，有机农业、无公害农产品、绿色农业等都相关产业的发展滞后，导致未能最大限度地挖掘蛋鸡粪的价值。②蛋鸡粪市场体系发展不健全。我国蛋鸡粪产品市场的发展正处于初级发展阶段，市场存在很多问题，主要表现在市场不健全、市场信息量少并且不对称、销售渠道单一、价格波动大等。③化肥对蛋鸡粪肥料化处理产生很大的压力。化肥作为目前我国农民种植农作物最主要的肥料，占肥料施用量的80%以上，化肥在政策上有优惠，而蛋鸡粪肥料没有，两者相比，蛋鸡废弃物肥料产品的竞争优势较小。

二、发展趋势

根据近几年蛋鸡废弃物处理的发展及相关政策出台情况来看，蛋鸡废弃物的处理表现出以下几个趋势。

（一）资源化利用

对蛋鸡废弃物的处理俨然不能简单地还田及随意堆放处理，环境污染的问题亟待解决，所以，对蛋鸡废弃物的资源化处理成为废弃物处理的必然发展趋势。

（二）机械化、自动化

目前，国家对畜禽养殖标准化的推动力度比较大，且对于刮粪板等机械的补贴在各地也陆续推行，使得蛋鸡养殖场在改造过程中，用机械化、自动化取代了以前的人工处理蛋鸡废弃物的历史。而且，对蛋鸡废弃物处理过程中所使用的机械也发展较快，比如制粒机、发电设备等，这种机械化、自动化发展的趋势非常明显。

（三）蛋鸡废弃物的有机肥处理方式是发展的必然趋势

我国农村地区有利用畜禽粪便作为肥料的农作习惯，且由于目前化肥的过度利用，使得土壤板结、肥力降低，土壤变得越来越贫瘠，需要畜禽粪便作为肥料加以施用。而由于直接施用畜禽粪便容易产生对环境的污染，需要对其进行无害化处理，制作成有机肥进行施用，使得蛋鸡废弃物的有机肥化处理方式成为目前发展的必然。

（四）产业化

根据上文的分析，蛋鸡废弃物的利用价值被越来越多的主体认知，且目前存在三大处理的模式，而这三大模式衍生出来几大产业或行业，比如：蛋鸡废弃物的能源化处理使得畜禽粪便发电成为大型养殖企业的选择，并入国家电网，获得了良好的经济效益；蛋鸡废弃物的肥料化处理促使肥料行业的拓展，有机肥与有机无机复混肥成为目前畅销的产品。

三、发展机遇

（一）市场需求

随着有机农业的发展，农业生产中对有机肥料的需求越来越大，而作为主要有机肥料的蛋鸡废弃物就成为有机农业肥料上的主要供应品，受到市场需求的推动，蛋鸡废弃物的有机肥化利用就成为蛋鸡产业拓展的重点。此外，蛋鸡废弃物的能源化受到沼气及其发电的需求，也在推动蛋鸡废弃物采取能源化的方式进行无害化利用。

（二）畜禽养殖污染防治条例

畜禽养殖污染防治条例中明确规定了如何综合利用包含蛋鸡废弃物在内的畜禽废弃物，而且也明确提出了激励和问责制度。该条例的出台为蛋鸡废弃物的处置提供了政策依据，而且从条例来看，未来国家将对这一方面加以重视。

（三）补贴政策

清粪机等废弃物处置相关的机械已经列入了国家补贴的范围内，国家已经在设备上为养殖者提供了资金的支持，激励养殖者无害化处置蛋鸡废弃物。此外，有关蛋鸡废弃物处置的以奖代补和蛋鸡废弃物有机肥补贴等政策也在各地开始实施，极大地推动了蛋鸡废弃物的无害化利用。

四、战略思考

1. 一个目标

降低蛋鸡废弃物的环境污染，实现蛋鸡废弃物的无害化利用。

2. 三个原则

①无害化原则。蛋鸡废弃物本身存在的负外部性需要加以治理，同时在处置过程中产生的环境问题也要加以重视，并缓解对环境的影响。②资源化原则。蛋鸡废弃物是非常好的资源，可以肥料化、能源化和饲料化，可以为国家节约大量资源。③市场化。建立健全蛋鸡废弃物产品市场，提升蛋鸡废弃物产品的市场化程度。

3. 两个方向

①快速处置。减少堆放时间，提高处置频率，快速处置出蛋鸡养殖场，减轻蛋鸡废弃物所造成的对蛋鸡养殖和环境的影响。②资源高效利用。作为能够多方面使用的资源，蛋鸡废弃物处置的方向就是高效利用。

4. 四个重点

①除臭。蛋鸡废弃物中最为主要的组成部分是蛋鸡粪，蛋鸡粪是所有畜禽粪便中最臭的，其对环境的污染最严重，需要加大对除臭方面的研究，并把成果进行推广。②降低含水率。通过改良清粪设施、提高清粪频率、减少堆放时间来降低蛋鸡粪的含水率，以减少在资源化利用中专门减少含水率的投入。③降低重金属。蛋鸡废弃物中含有大量的重金属，重金属容易产生更为严重的污染，这就需要降低蛋鸡废弃物中的重金属含量，有条件时去除重金属。④建立健全蛋鸡废弃物产品监测体系。虽然国家有对蛋鸡废弃物产品的标准规定，尤其是有机肥的规定，但由于处理主体没有检验检测的设备或仪器，往往对产品不监测，保证不了产品质量。这就需要在政府主导下对废弃物产品进行监测，以保障蛋鸡废弃物产品的质量达标。

参 考 文 献

杭柏林，刘保国，胡建和，等．2008．蛋鸡饲料浪费的主要原因及其预防［J］．广东饲料（5）：44-45.

贾文孝．2011．动物疫病防控关键环节存在的问题探讨．中国牧业通讯（9）：30-33.

王应龙.2007. 降低蛋鸡饲料成本　提高养鸡经济效益［J］. 技术与市场（12）：28.

武书庚，张海军，齐广海.2010. 蛋鸡养殖过程中营养调控技术危害分析及其控制［J］. 中国畜牧杂志（24）：61-63.

武书庚，张海军，齐广海.2010. 我国蛋鸡养殖区域分布及饲料配制技术要点［J］. 中国家禽（24）：1-5.

武书庚，张海军，岳洪源，等.2011. 蛋鸡产业营养调控技术的发展现状和瓶颈［J］. 中国畜牧杂志（2）：63-67.

第五章　中国鸡蛋加工业发展战略研究

受益于改革开放初期国家对蛋鸡养殖业的政策扶持和蛋鸡养殖技术的进步，自20世纪90年代初我国鸡蛋产量跃居世界第一位以来，已经连续保持了20余年世界第一鸡蛋生产大国的地位。我国蛋鸡产业的快速发展为繁荣农村经济、增加农民收入和满足居民食物营养需求作出了积极贡献。但是，目前我国蛋鸡产业已处于供过于求的状态，供需矛盾导致鸡蛋市场价格频繁波动、蛋鸡养殖户的市场风险不断增加、产业链条比较脆弱等问题。

如何解决供需矛盾，成为当前我国蛋鸡产业实现持续、健康发展的关键。在我国蛋鸡产业逐步进行生产结构优化、养殖规模调整和生产布局规划的同时，应采取切实措施，振兴我国鸡蛋加工业，提升鸡蛋加工业的国际竞争能力，促进我国蛋鸡产业的持续发展。

第一节　加工业发展现状

鸡蛋是人类天然、廉价的重要蛋白来源之一，我国居民自古就有养鸡吃蛋、补充营养的传统，在数千年的鸡蛋利用过程中逐步形成了传统蛋品加工业。新中国成立60余年来，虽然我国鸡蛋产品研发和加工技术不断取得进步，但从产业总量、产品结构和企业规模角度考察发现，目前我国鸡蛋加工业仍然处于传统蛋品加工的初级阶段。

一、产业总量

根据相关文献统计，我国的鸡蛋消费结构比较单一。近年来，国内鲜蛋消费量占我国鸡蛋总产量的90%以上，仅有9.74%的产量作为鲜蛋出口或损失掉，而鸡蛋分级和加工利用率分别为0.26%和0.13%。这与世界发达国家的蛋鸡加工业相比还有较大的差距（表5-1），也与世界鸡蛋产量大国的地位极不匹配。2008年我国加工原生蛋为5.82万吨，仅占全球鸡蛋加工品市场份额的7.76%，而欧洲国家和美国的鸡蛋加工品之和占全球的70%左右。

鸡蛋加工转化度较低的现状，说明我国通过深加工来提高鸡蛋附加值的能力较弱，也表明鸡蛋加工业对我国蛋鸡产业发展的贡献度较低。这一点可通过表5-2印证，1998—2004 年，我国鸡蛋加工业产值虽然每年略有增加，但年均产值基本维持在 20 亿元的水平，占食品加工业产值的 0.1%左右，仅占我国整个蛋鸡产业产值的 1.3%左右。

表 5-1　主要国家和地区禽蛋加工利用率

项目	中国	美国	欧洲	日本	中国台湾
蛋品分级率（%）	0.26	98	98	60	20
禽蛋深加工率（%）	0.13	32	25	50	14

表 5-2　我国 1998—2004 年鸡蛋加工业总产值及占食品加工业的比重情况

项　目	1998 年	1999 年	2000 年	2001 年	2002 年	2003 年	2004 年
禽蛋加工业总产值（亿元）[a]	9.46	12.23	12.99	20.66	30.14	17.80	22.96
禽蛋加工业占食品加工业的比重（%）[a]	0.12	0.16	0.16	0.22	0.28	0.14	0.14
鸡蛋加工业总产值（亿元）[b]	8.04	10.40	11.04	17.56	25.64	15.13	19.52
鸡蛋加工业占食品加工业的比重（%）[b]	0.10	0.14	0.14	0.19	0.24	0.12	0.12

注：a. 1998—2004 年蛋品加工业产值数据摘自历年《中国食品工业年鉴》；由于我国蛋品工业占到食品加工业和农产品加工业的比重极低，自 2004 年开始，《中国食品工业年鉴》未将蛋品工业产值等信息纳入该统计口径中，故本表仅用 1998—2004 年的数据。

b. 历年鸡蛋加工业总产值及其占食品加工业的比重由作者根据我国鸡蛋占禽蛋的比重为 85%而估算得到。需要说明的是，此估算方法虽然会高估我国鸡蛋加工业的总产值，但估算结果并不会影响到本文的结论；

二、产品结构

根据鸡蛋的加工方法以及产品用途，将鸡蛋产品主要分为鲜蛋和加工品，其中加工品又可划分为再制蛋（即传统加工品，如卤蛋、腌蛋等）、深加工品（各类干蛋、湿蛋和冰蛋等），以及副产品综合利用产品（如残留蛋清、蛋壳内膜和蛋壳）等三大类。

目前，我国鸡蛋加工品的结构呈现如下特点。

（一）以再制蛋为主，深加工品较少

受文化传统和居民饮食习惯等因素的影响，我国鸡蛋加工品主要以再制蛋为主，占鸡蛋加工品的 80%以上。同时受国内市场需求以及鸡蛋深加工产品研发和技术应用等问题的影响，我国的鸡蛋深加工品数量少，仅有少数厂家生产蛋白粉、全蛋粉等产品。

（二）鸡蛋副产品综合利用尚未引起足够重视

目前，我国在蛋壳等鸡蛋副产品综合利用方面尚未引起足够重视，每年生产出的

400余万吨鸡蛋壳仅仅只有一部分应用于畜禽的饲料，作为钙的补充剂，其余蛋壳主要由大量消费鸡蛋的食品加工厂、糕点厂、孵化场、酒店、宾馆、饮食店、招待所、机关、企业食堂等单位成批地抛入垃圾堆，这不仅对环境造成污染，也造成了资源的极大浪费。

第二节　加工产业存在问题

面对我国鸡蛋加工业落后的现状，近年来相关学者和研究机构对我国鸡蛋加工业存在的问题进行了多角度、多层面的分析和讨论。但从产业经济理论来看，推动某一产业发展的核心驱动力不外乎来自于需求、供给，以及链接供给与需求的产业链三个方面。

一、需求层面

我国鸡蛋加工业还处于尚待开发的初级阶段的根本原因在于，我国鸡蛋加工品的市场潜在需求容量过小。受制于进口国严格的“门槛”限制壁垒，鸡蛋加工品的出口缺乏吸引力，因此，市场需求驱动力严重不足，成为影响我国鸡蛋加工业发展的瓶颈。

（一）国内市场潜在需求较小

从影响居民食物消费选择的因素来说，当前居民收入水平、购买力、产品价格并不是影响居民对于蛋品类型选择的关键因素，真正制约居民消费鸡蛋加工品的因素来自于消费习惯和居民对食品质量安全性的担心。一方面，我国居民在长期的饮食消费中，形成了以鲜蛋消费为主的消费模式，这种模式在短期内难以迅速改变。即使居民有消费鸡蛋加工品的趋向，也主要是以传统的卤蛋和腌蛋为主。受消费习惯的影响，我国少部分居民对于发达国家近年来研发出的新蛋品尚持怀疑的态度，大部分居民甚至对这些鸡蛋加工品没有任何了解。另一方面，随着居民收入水平的提高，对食品质量安全的关注度越来越高，往往由于居民对通过加工而改变鸡蛋性状和功能的产品持一定的怀疑态度，因此如何通过知识普及等方法提高我国居民消费鸡蛋加工品的信心十分关键。

（二）鸡蛋加工品走进国际市场举步维艰

主要原因在于我国鸡蛋加工品产量少，再加上制成品又主要以传统卤蛋、腌蛋为主，与世界主要鸡蛋加工品进口国的消费习惯不一致，国际市场需求量有限。

二、供给层面

从供给层面来看，我国鸡蛋加工业与世界第一鸡蛋生产大国地位不相匹配的主要原因在于，整个产业创新能力严重不足。在我国居民消费习惯难以在短时转变，以及蛋品出口贸易量小的市场背景下，我国蛋品行业总是处在重视鸡蛋产量、忽视鸡蛋质量，重视鲜蛋消费、忽视蛋品加工的状态中，企业严重缺乏在激烈市场竞争中开辟新市场的创新意识和创新策略。具体表现在以下几个方面。

（一）观念创新

在我国鸡蛋产业的快速发展中，大部分企业聚焦于鲜蛋市场，在同一市场中实施"红海"战略和战术，利用渠道优势，展开价格竞争，获得更高的产品市场占有率。激烈的市场竞争态势并没有促使我国的蛋鸡生产者、流通主体和市场主体在新形势下进行观念创新，没有以"蓝海"战略开辟新市场的措施，总是将产业的发展和企业的竞争定位于国内市场，缺乏参与国际市场竞争的意识。导致这种问题出现的根本原因在于我国蛋鸡产业的市场风险较大，蛋品企业力量较弱，缺乏抗风险的能力。从产业的发展角度来看，任何产业在不同的发展阶段都会存在不同程度的风险，当前我国的蛋品企业应根据产业的增长潜力和产业内部竞争的强弱状况，依据产业发展的风险和不确定性，进行适当的观念创新。从行业的保障措施来说，主要是提供能够削弱市场风险的措施，为我国鸡蛋加工业发展提供有利的外部环境。

（二）市场创新

进行产品市场的细分和实施差别化营销战略，是任何一个产业、企业面对外部环境变化的基本战略选择。目前，我国四川省铁骑力士集团、湖北神丹健康食品有限公司、北京德青源农业科技股份有限公司和大连韩伟集团等企业，逐步采用市场细分战略并取得一定成功，可为其他企业的市场创新提供借鉴。从我国的蛋鸡产业整体发展的现状来看，我国大部分蛋品企业目前很少有市场细分的战略措施，缺乏根据消费者行为特征而划分蛋品细分市场并采取相应的产品差异化策略。导致这一问题的原因在于我国缺乏鸡蛋产品的生产标准和加工技术标准，再加上食品安全质量监测体系尚不完善，给企业市场细分战略带来较高的运作成本。

（三）技术创新

技术进步会使得企业以更低的成本提供新的产品或更好的产品，从而极大程度地改变产业发展的面貌，拓展产业发展的领域。但我国目前的蛋品加工业尚缺乏技术创新，一方面是蛋品加工业的研究与开发（research and development，R&D）投入严重不足，一方面是不能根据市场的需求开发适宜的蛋品。企业不能以更为先进的资本设备、更为有效的工厂规模和更大的一体化效益来推进技术的创新，产业在原有的加工基础上难以顺利实现产业升级和技术的变迁。

（四）模式创新

当前，我国的蛋品加工企业数少、产品加工能力小，在我国蛋鸡产业发展的关键阶段，行业缺乏运作模式的创新，企业也缺乏市场运作的经验。从产业发展的战略角度来看，在我国蛋品加工业尚处于起步阶段的背景下，是依托于现有企业不断摸索市场运作的经验，还是积极引进国外先进企业进行运作示范？在我国蛋鸡产业发展已经处于供过于求的背景下，鸡蛋加工业是继续走传统工业发展模式的路线，还是选择与国际接轨，走现代大型一体化工业的路线？上述两个模式的问题，至今还处于不断的探讨中。

三、产业链层面

图5-1是根据笔者2009年对我国相关蛋鸡养殖户、鸡蛋收购者、鸡蛋加工企业和鸡蛋市场的调研结果描绘的我国鸡蛋产业链的现状。

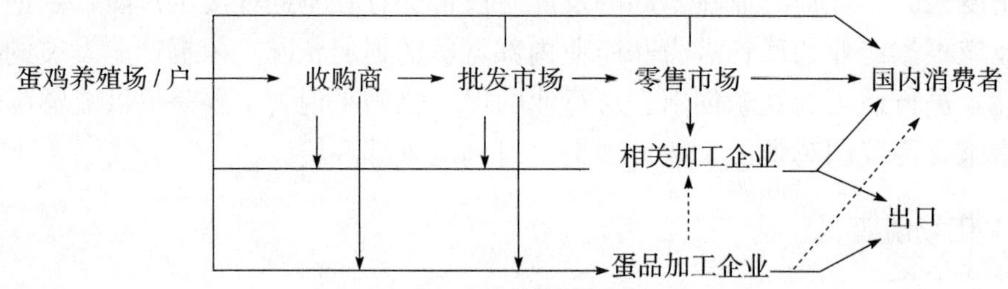

图5-1 我国鸡蛋产业链现状

注：相关加工企业指以鸡蛋为配料、加工其他食品（如蛋糕等）和药品的企业。

通过对图5-1的分析可发现，鲜蛋产业链是我国鸡蛋产业链条的主体，目前已形成了从蛋鸡养殖户到收购商、批发商、零售市场和国内消费者的比较完整的链条，但整个鸡蛋产业链条还存在以下问题。

（一）产业链内部环节间严重脱节，结合过度松散

目前，我国大部分蛋品加工企业所用的鸡蛋来自于蛋鸡养殖户、鸡蛋收购商，甚至来自于鸡蛋批发市场，只有小部分企业的鸡蛋来自于蛋鸡养殖基地，或以"公司＋养殖基地＋养殖户""公司＋专业合作社＋养殖户"的模式实现与养殖场的结合。由此可见，我国鸡蛋加工业的产业链条中各环节基本独立，各环节结合过度分散，不能形成互为支撑的产业流程链，产业一体化发展的程度比较低。

（二）产业与产业之间不能互相促进

当前，我国蛋糕、药品等相关加工企业也是鸡蛋产品的消费群体。我国的相关加工企业所用鸡蛋也主要来自于蛋鸡养殖户、鸡蛋收购商和鸡蛋批发市场，专业蛋品加工企业几乎没有为这些相关加工企业提供其所需要的鸡蛋加工品，表明我国专业蛋品加工业与相关加工企业的结合度非常松散，没有实现鸡蛋加工品的专业化。由此可见，我国的鸡蛋加工业与其他相关产业之间仍然存在着边界清晰、联系松散的现象，

各相关产业的发展较为孤立，没有形成产业互相促进的动力。出现如此状况的主要原因在于我国的相关鸡蛋加工业在其所用的原料方面没有严格的原料标准约束。因此，促进产业与产业之间融合、提高其相关结合度的措施，主要来自于标准的制定和推行。

第三节　加工产业发展趋势

一、发展机遇

虽然我国鸡蛋加工业相对落后，但在我国蛋鸡产业快速发展的过程中也迎来了重要的机遇期。①“十二五”农产品加工业规划中对有关蛋品加工的规划。②在“四化”推进中，信息化有助于我国蛋品加工业的进一步发展。③我国蛋鸡产业本身的规模趋势、优势产区集中趋势、优势产区的集聚趋势具有强大的动力。④产业链发展方式正在不断创新，一些大型企业逐步实行内部一体化发展模式，相关的合作组织的产业链也从过去单一的蛋鸡养殖逐步延伸到蛋品的深加工，加工鸡蛋不仅成为我国蛋鸡生产企业的共识，也成为在市场供求状况下进一步提升附加值的基本出发点。⑤国家层面产业技术体系更加注重蛋品的研发，既适宜我国国内消费市场需求的产品，又与国际接轨进一步缩小与世界发达国家的差距，从国际国内两个市场上开展针对性的研发。⑥蛋品加工的相关产业快速发展必将带动鸡蛋加工业的进一步发展，作为蛋品加工的下游产业，比如医药行业、食品行业等的快速发展，不仅为我国蛋鸡产业的发展提供了助力，而且由于这些下游产业逐步的产业升级及产业链上的专业化分工加强，不仅将促进我国蛋鸡产业可以有效提供这些产业发展所需要的原料，而且还进一步促进了蛋品的专业化、对口化和订单化的发展。⑦我国需求市场正在发生变化，特别是80后的消费群体，其在消费的理念与偏好方面，与传统的消费正在逐步呈现较大的差别，加上我国国内近几年在加工蛋品上的市场营销体系逐步健全，因而在市场的牵引下，也将带来我国蛋品市场份额的进一步提高。

在上述机遇背景下，蛋品加工业在我国农产品加工业发展中将占有重要地位，在我国蛋鸡产业发展中也将占有重要地位。

二、蛋品加工业的发展趋势

目前，我国蛋品加工业中存在的问题已经严重制约了我国蛋品加工业的发展，因此，我国的蛋品加工业想要获得更好的发展，在其未来的发展中，克服现存的问题尤为重要。根据我国目前蛋品加工业的发展状况来看，未来我国蛋品加工业的发展趋势主要有以下几方面。

(一)居民蛋品消费方式逐步转变，鸡蛋加工品在消费中所占的比重增加

在国际市场上鲜蛋销售呈现下降趋势的情况下，世界主要发达国家蛋品加工品的消费却在持续增加，蛋品加工品消费已成为发达国家鸡蛋消费的重要方式。在我国，随着人们生活水平的提高，居民正从原有的新鲜蛋消费为主的消费模式逐步向蛋品加工品转变，蛋品加工品消费在居民蛋品消费中所占的比重逐步增加。

(二)产业创新能力增强，加蛋加工品种类逐渐增多

随着我国鸡蛋加工业的发展，鸡蛋加工品生产技术的进步，以及产业内部竞争力的加剧，越来越多的鸡蛋加工企业开始寻求转变。由于我国传统的进食习惯，我国鸡蛋加工品的消费主要集中在皮蛋加工品方面。在皮蛋新品种的开发研究上，迄今已有多种形式的皮蛋品种，例如药料液浸泡食疗彩蛋、含中草药皮蛋、无铅食疗溏心皮蛋、香型皮蛋、保健养生蛋等。同时，由于医药、化妆品等领域对鸡蛋加工品的需求增多，越来越多的企业开始投身到这些新的领域。

(三)鸡蛋加工业产业链逐步完善

目前，我国鸡蛋加工业产业链内部存在的问题使得鸡蛋加工企业不仅面临着更多的市场风险，还增加了企业的生产成本，降低了企业的市场竞争力。所以在鸡蛋加工业未来的发展中，产业链内部的合作逐步增强将成为发展的趋势。

第四节　战略思考及政策建议

一、战略思考

1. 一个目标

提高我国鸡蛋加工率是我国蛋鸡产业可持续发展过程中的必然要求，也是我国蛋品加工业的重要目标。在今后的蛋鸡产业发展过程中，必须明确蛋品加工既是我国蛋鸡产业的重要组成部分，也是我国农产品加工业中的重要组成部分，同时，也需要树立提高我国蛋品加工率的迫切性意识，在稳定发展蛋鸡养殖的过程中高度重视产业链的延伸。

2. 两个方向

在蛋品加工业发展中，既要考虑到我国蛋加工品的市场特点，又要考虑目前的制约因素。从市场的角度来说，由于我国居民对鸡蛋的需求往往以鲜蛋为主，对蛋制品的认识和消费主要停留在休闲食品方面，而蛋品出口仍然面临着越来越严格的SPS或TBT的条件制约。在此情况下，以市场为导向，我国蛋品加工主要以培育消费者偏好为主，同时扩大与相关以鸡蛋为原料的产业、企业之间的合作，通过提供深加工品原料的方式，扩大蛋品加工产品的市场渠道。

3. 三个基础

(1) 出台相关的扶持政策，打好蛋品加工业起步基础　由于我国蛋品加工业相对落后，基础较差，因而需要国家加大投入力度，在资金、税收、减负等方面给予有力的扶持政策，以公共政策助产业起步，尽快推进蛋品加工业成为我国蛋鸡产业颇具潜力的新的增长点。

(2) 尽快建立和完善相应的标准体系　按蛋品基础通用标准的制定，积极开展蛋制品产品标准的修订与制定，制定蛋制品加工工程中相关的标准。唯有在蛋品标准体系完善的基础上，才能促使鸡蛋加工业更好地适应市场。

(3) 加大科技支撑力度　科技是蛋品加工业发展的基础，在科技支撑方面，重点是针对我国鸡蛋加工“三多一少”等问题，开展前瞻性研究与开发工作，跟踪世界前沿，确保禽蛋生产和原料蛋品质的安全，开展分级蛋、洁蛋生产关键技术与设备的产业化示范，提高专用型蛋粉生产技术与产业化开发程度，注重液态蛋生产技术与关键设备产业化的研究，加大鸡蛋中高附加值生物活性物质的产业化开发力度，加大鸡蛋副产物的综合利用研究。

二、政策建议

目前，我国蛋鸡产业处于供过于求的状况。经验证明，农产品加工业在现代农业产体系中具有“农业生产丰歉平衡器、农产品加工转化器和农业效益放大器”的突出作用，因此推动鸡蛋加工业的发展、提高鸡蛋转换率和有效成分利用率，是解决由于鸡蛋加工转换不足、鲜蛋产品供过于求、鸡蛋市场价格波动较大等问题的关键，也是我国蛋鸡产业和农产品加工业发展的必然要求。

政府的政策调控对于产业的发展起着十分重要的作用，在我国蛋鸡产业发展模式转型的重要阶段，以及在国内鸡蛋加工品市场需求潜力巨大、国际鸡蛋加工品需求旺盛的良好机会背景下，应以推动我国现代鸡蛋加工业起步为目标，加大政策的扶持力度，促进我国鸡蛋加工业的快速发展。

(一) 提高消费者对鸡蛋和鸡蛋制品的认识

针对我国居民有关鸡蛋消费的模式和偏好问题，应以市场主导和政府引导的方式，向居民家庭普及包括鸡蛋在内的农产品的消费知识，逐步提高消费者对现代鸡蛋加工品的认知度和接受度，促使消费者能够理性地看待、购买和消费鸡蛋加工品，进而扩大消费者对鸡蛋加工品的需求，为扩大我国鸡蛋加工品的需求规模创造积极的环境。主要应由政府部门主导、生产企业辅助出台相关公益培训项目，采取公益性电视广告、专家讲堂或其他方式，针对不同性别、受教育程度和家庭结构的消费者，开展有关鸡蛋生产、加工和加工品的公益培训或知识普及等活动，进一步提高消费者对鸡蛋加工品的整体认识水平。

（二）以投资、补贴、信贷等政策工具，引导和加快推动我国鸡蛋加工企业的发展

①应注重加大对龙头加工企业的扶持，在科技投入、设备投资等方面给予扶持政策，加快我国鸡蛋龙头企业的改造、升级进程，加大技术研发的力度；②应出台相应的外国企业引进、国内企业培植和小型企业重组的优惠措施，加快引进一批科技含量高、投资规模大、出口能力强的鸡蛋加工企业，培植做大、做强一批传统鸡蛋加工企业，整合资源组建一批新型鸡蛋加工企业。

（三）完善我国的鸡蛋加工产品的检测标准

与国际标准和国外先进标准接轨，进一步充实、完善我国鸡蛋及鸡蛋制品加工标准体系，提高鸡蛋标准的技术水平，加强鸡蛋质量安全管理等。鸡蛋及其蛋制品加工标准体系的建立，有利于提高质量与卫生安全，有利于完善全程质量控制技术，保障市场经济条件下鸡蛋加工业的健康发展，提高我国鸡蛋加工业的国际竞争力。

参考文献

宾冬梅，马美湖，易诚．2006. 禽蛋蛋壳资源开发利用现状与前景分析．中国家禽，28（24）：10－13.

迟玉杰，于滨．2008. 浅析我国蛋品工业的现状与特点．中国家禽，30（2）：6－8.

范梅华，张建丹．2008. 蛋品加工业的未来发展战略——2008年蛋品行业及其用蛋企业食品安全高层论坛在苏州成功召开．中国禽业导刊，25（22）：8－17.

冯四清．2005. 鸡蛋产品在亚洲有巨大的发展潜力．中国禽业导刊，2（6）：21.

姜正军，霍兰芝．2004. 我国蛋品加工业的现状与对策．食品科技（11）：4－6.

马美湖．2004. 我国蛋与蛋制品加工重大关键技术筛选研究报告（1）：26（23）：1－5.

马美湖．2004. 我国蛋与蛋制品加工重大关键技术筛选研究报告（2），26（24）：1－12.

马美湖．2009. 蛋品加工技术与质量安全控制战略研究．中国家禽，31（12）：1－6.

宁欣．2005. 蛋品工业的崛起为蛋鸡业发展提供广阔空间．中国家禽，27（16）：45－47.

农业部农产品加工局．2007. 2006中国农产品加工业发展报告［M］．北京：中国农业科学技术出版社．

欧阳珂珮，李洪军，贺稚非．2011. 我国蛋制品研究现状及发展前景（12）：506－508.

谢永刚．2009. 我国蛋品行业的发展策略．饲料博览（2）：9－14.

言思进．2005. 从蛋品加工看我国蛋业的持续发展．中国家禽，27（9）：37－45.

于萍．2007. 我国蛋业产业化发展趋势研究．农业经济问题（9）：66－73.

袁正东．2009. 我国蛋品（加工）行业现状与发展方向．中国禽业导刊，26（10）：13－14.

张亚明，张文长．2008. 21世纪中国产业发展动力研究．中国科技论坛（12）：44－47.

中国畜产品加工研究会．2006. 中国蛋品加工业发展状况报告．食品科技（11）：1－3.

第三部分
中国蛋鸡产业可持续发展战略对策

第六章　中国蛋鸡产业政策研究

第一节　产业政策演变

自改革开放以来，我国对畜牧业政策的出台非常重视，就目前来看，畜牧业政策主要集中在整个畜牧业和生猪产业，仅针对蛋鸡产业发展方面的政策非常少。根据以往和目前的政策来看，主要集中在育种、生产经营、投入品、环境、流通和市场等方面。

一、育种政策

1986年1月17日，财政部、农牧渔业部联合发布了《关于"七五"期间对国营农牧渔良种场继续实行财务包干的规定》（1993年12月13日失效），规定了在"七五"期间对包括蛋鸡育种场在内的畜禽育种场实行"独立核算，自负盈亏，盈余留用，亏损不补"的办法。促进了良种场积极合理地组织收入，有效地使用资金，加强经济核算，逐步做到经费自给有余。

1996年、1998年相继出台的《加强全国畜禽良种繁育体系建设意见》《种畜禽管理条例实施细则》《种畜禽生产经营许可证管理办法》为我国蛋鸡育种、繁育行业的发展奠定了基础，起到了蛋鸡品种资源保护、培育和种蛋鸡生产经营管理、提高种蛋鸡质量的作用。同时，自1996年以后我国的蛋鸡育种业发展迅速，极大地提升了我国蛋鸡产业的发展能力。

2006年至今，我国也出台了有关畜禽遗传资源保护名录、优良种畜登记规则、畜禽新品种配套系审定、畜禽遗传资源鉴定办法、畜禽遗传资源进出境和对外合作研究利用审批办法等政策法规，规范了我国蛋鸡育种业的发展，同时也保护了我国特有品种，推动了优良品种的繁育和推广。在这一时期，2006年7月1日正式实施的《中华人民共和国畜牧法》也规定了畜禽遗传资源保护、种畜禽生产经营的法条，为蛋鸡育种业提供了法律支撑，规范了蛋鸡育种业的发展。此外，从2005年开始的畜牧良种补贴政策，也为蛋鸡育种业提供了资金上的支持，促进了育种业的发展（表6-1）。

表 6-1 有关蛋鸡育种方面的政策

执行时间	发布部门	名称
1986 年 1 月 17 日	财政部、农牧渔业部	关于“七五”期间对国营农牧渔良种场继续实行财务包干的规定
1996 年 12 月 24 日	农业部	加强全国畜禽良种繁育体系建设意见
1998 年 1 月 5 日	农业部	种畜禽管理条例实施细则
1998 年 11 月 5 日	农业部	种畜禽生产经营许可证管理办法
2006 年 7 月 1 日	农业部	畜禽遗传资源保种场保护区和基因库管理办法
2006 年 6 月 2 日	农业部	国家级畜禽遗传资源保护名录
2006 年 7 月 1 日	农业部	优良种畜登记规则
2006 年 7 月 1 日	农业部	畜禽新品种配套系审定和畜禽遗传资源鉴定办法
2006 年 7 月 1 日	农业部	畜牧法
2008 年 8 月 28 日	国务院	畜禽遗传资源进出境和对外合作研究利用审批办法

二、生产经营政策

我国有关蛋鸡等畜禽生产经营方面的政策比较少。2006—2009 年，我国有关蛋鸡等畜禽生产经营方面的政策见表 6-2，其中最具有代表性的政策和法律是《畜禽标识和养殖档案管理办法》《中华人民共和国畜牧法》《关于促进畜牧业持续健康发展的意见》，对于养殖场的选址、配套设施、养殖档案等方面做了详细的规定，规范了我国蛋鸡生产经营，提升了蛋鸡养殖水平，促进了蛋鸡养殖业的可持续发展。2010 年开始，我国在全国范围内推行了畜禽标准化规模养殖的示范，从选址布局、设施与设备、管理及防疫、环保要求，以及生产水平等方面进一步规范了蛋鸡养殖，涌现出一批符合要求的标准化规模养殖场，带动了蛋鸡养殖业的发展。

除表 6-2 中的政策以外，国家还对个体工商户或者个人专营蛋鸡养殖者提供税收方面的优惠政策，比如营业项目可免征、减征企业所得税、免征营业税、免征城镇土地使用税、保险合同暂不贴花、免征印花税等。同时，也利用合作社法扶持蛋鸡养殖专业合作社发展，蛋鸡养殖合作社组织社员生产经营，并销售本社成员生产的鸡蛋，政策规定免征增值税，既提高了蛋鸡养殖的组织化程度，同时也提升了蛋鸡养殖合作社社员的发展能力。除了税收方面的优惠政策以外，国家还在近年来实施了“阳光工程”“职业农民培训”等提升养殖主体素质的培训，对于养殖主体的生产经营能力的提升起到了关键性作用。

表 6-2　有关蛋鸡生产经营方面的政策

执行时间	发布部门	名称
2006 年 7 月 1 日	农业部	畜禽标识和养殖档案管理办法
2006 年 6 月 29 日	农业部	关于延长扶持家禽业发展政策实施期限的通知
2006 年 7 月 1 日	农业部	中华人民共和国畜牧法
2007 年 1 月 26 日	国务院	关于促进畜牧业持续健康发展的意见
2008 年 2 月 4 日	农业部	关于做好畜牧业生产灾后恢复工作的通知
2009 年 3 月 30 日	农业部	全国动物卫生风险评估专家委员会章程
2010 年	农业部	关于加快推进畜禽标准化规模养殖的意见

三、投入品政策

在蛋鸡养殖过程中的投入品方面的政策主要集中在饲料、兽药、疫苗、防疫、设施与设备等方面，其中有关兽药、疫苗和防疫方面的政策法规最多。

（一）饲料

1983 年 2 月 23 日由国家计委发布的《关于发展我国饲料工业问题的报告》奠定了我国改革开放以后的饲料产业的发展。之所以要发布这一报告，主要是因为饲料工业是发展畜牧业的基础。虽然我国的畜牧业有了一定发展，但总的看来还很落后，主要原因就在于没有形成一个与畜牧业发展相适应的饲料工业体系，畜牧业生产基本上处于有啥喂啥的落后状态。要改变我国畜牧业的落后状况，必须迅速建立和发展我国的饲料工业，把一切可以利用的饲料资源充分合理地利用起来。这对以粮食为主要饲料投入品的蛋鸡养殖来讲，是推进其发展的助力。之后的 30 多年，我国相继出台了有关饲料添加剂的规定，规范了饲料行业中的添加剂使用问题，而且通过饲料和饲料添加剂生产许可证的方式设置了进入饲料行业的门槛，规范了饲料行业的生产运作，促进了饲料行业的发展（表 6-3）。

表 6-3　有关饲料方面的政策

执行时间	发布部门	名称
1989 年 1 月 9 日	农业部	关于公布首批“饲料药物添加剂品种及使用规定”的通知
1994 年 3 月 8 日	农业部	关于发布“饲料药物添加剂品种及使用规定”的通知
1997 年 9 月 1 日	农业部	允许作饲料药物添加剂的兽药品种及使用规定
2001 年 7 月 3 日	农业部	饲料药物添加剂使用规范
2002 年 2 月 20 日	农业部	进出口饲料和饲料添加剂登记管理办法
2002 年 3 月 21 日	农业部、卫生部、国家药品监督管理局	关于禁止在饲料和动物饮用水中使用的药物品种目录

（续）

执行时间	发布部门	名称
2003年2月27日	农业部	新饲料和饲料添加剂品种目录（2003-01）
2003年6月1日	农业部	饲料添加剂和添加剂预混合饲料生产许可证管理办法修改决定
2004年11月19日至2006年2月14日	农业部	中华人民共和国农业部公告第430号、440号、535号、559号、561号、566号、580号、601号、603号（饲料和饲料添加剂生产许可证目录）
2008年2月21日	农业部	关于加强饲料和畜产品质量安全监管工作的通知

（二）兽药、疫苗及防疫

我国对于兽药、疫苗和防疫方面的政策比较多，从药品的效果鉴定、药品生产许可、药品经营许可、药品制剂许可、药品监管、兽医队伍建设到养殖过程中的防疫流程、使用规范、技术指导等，全面规范了有关兽药、疫苗生产和防疫的流程，保障了蛋鸡养殖，促进了兽药和疫苗行业的健康发展。

此外，近年来出现的愈发严重的禽流感对蛋鸡产业影响非常大，造成了非常严重的损失，国家专门出台了“重大动物疫病强制免疫补助政策”，对高致病性禽流感、口蹄疫、高致病性猪蓝耳病、猪瘟等重大动物疫病实行强制免疫政策。疫苗经费由中央财政和地方财政共同按比例分担，养殖场（户）无需支付强制免疫疫苗费用。就2013年的情况来看，国家及各级地方政府在禽流感暴发期间做出了应急反应，并对受到严重损失的育种环节进行了资金上的补助（表6-4）。

表6-4　有关兽药、疫苗和防疫方面的政策

执行时间	发布部门	名称
1985年7月1日	国务院	中华人民共和国家畜家禽防疫条例
1988年11月20日	农业部	兽用麻醉药品的供应、使用、管理办法
1989年2月28日	农业部	关于恢复磺胺噻唑等兽药品种的生产和使用的通知
1989年3月31日	国务院	国务院关于加强家畜家禽防疫工作的通知
1989年7月10日	农业部	进口兽药管理办法
1989年7月10日	农业部	《兽药生产许可证》《兽药经营许可证》《兽药制剂许可证》管理办法
1989年9月2日	农业部	新兽药及兽药新制剂管理办法
1989年9月2日	农业部	兽用新生物制品管理办法
1989年9月2日	农业部	兽药药政药检工作管理办法
1989年12月5日	商业部	县及县以下国营商业食品部门兽医卫生工作基本要求
1989年12月26日	农业部	兽药生产质量管理规范（试行）

（续）

执行时间	发布部门	名称
1990年9月14日	商业部	关于进一步做好商业部门兽医卫生工作的通知
1991年2月1日	农业部	进口兽药抽样规定
1991年8月16日	商业部	商业部门贯彻《家畜家禽防疫条例》实施办法
1992年5月3日	农业部	关于颁布《中华人民共和国兽药典》1990年版的通知
1992年4月8日	农业部	家畜家禽防疫条例实施细则
1992年6月20日	农业部	关于农业科研、教育单位生产和经营农作物种子、兽用疫苗的若干规定
1992年10月24日	农业部	兽医卫生证、章及标志管理办法
1993年2月6日	农业部	乡镇畜牧兽医站管理办法
1993年7月5日	农业部	兽药监督检验抽样规定
1993年10月12日	农业部	关于发布《进口兽药质量标准》的通知
1994年6月6日	农业部	省级兽药监察所基本条件（试行）
1994年6月6日	农业部	兽药监察所工作细则（试行）
1995年1月1日	农业部	兽药生产质量管理规范实施细则（试行）
1995年1月15日	农业部	关于颁布《中华人民共和国兽药规范》（1992年版）的通知
1995年3月1日	农业部	关于进一步加强兽药管理的通知
1996年5月28日	农业部	兽用生物制品管理办法
1997年3月25日	农业部	关于严禁非法使用兽药的通知（修正）
1997年9月1日	农业部	关于发布《动物性食品中兽药最高残留限量》的通知
1997年3月25日	农业部	关于严禁非法使用兽药的通知（修正）
1997年12月25日	农业部	关于加强兽用安钠咖管理的通知（修正）
1998年1月5日	农业部	兽药管理条例实施细则（修正）
1998年1月5日	农业部	进口兽药管理办法
1998年3月10日	农业部	兽药批准文号管理规定
1998年3月10日	农业部	关于加强兽药名称管理的通知
1999年12月26日	农业部	兽药审评工作程序
2002年1月1日	农业部	兽用生物制品管理办法
2001年12月10日	农业部	兽药质量监督抽样规定
2002年6月19日	农业部	兽药生产质量管理规范
2003年3月1日	农业部	兽药标签和说明书管理办法
2003年1月22日	农业部	兽药标签和说明书编写细则
2003年3月25日	农业部	有关兽药标签说明书
2003年4月1日	农业部	批准环丙氨嗪原料及制剂、头孢噻呋钠、黄霉预混剂等产品为三类新兽药

（续）

执行时间	发布部门	名称
2003年7月31日至2007年6月22日	农业部	中华人民共和国农业部公告第291号、294号、297号、299号、305号、307号、310号、315号、326号、350号、353号、354号、355号、359号、380号、385号、395号、396号、408号、409号、411号、415号、420号、423号、424号、425号、432号、439号、442号、518号、550号、552号、596号、626号、629号、634号、649号、650号、661号、670号、672号、681号、831号、832号、872号（兽药GMP合格企业目录、进口兽药注册证书、批准外国兽药产品在我国再注册名单、国家兽药标准增加规格目录等）
2004年11月1日	国务院	兽药管理条例
2005年1月1日	农业部	兽药产品批准文号管理办法
2005年6月1日	农业部	兽药生产质量管理规范检查验收办法（2005年）
2005年6月23日	农业部	兽药残留酶联免疫试剂（盒）备案审查技术资料要求、兽药残留酶联免疫试剂（盒）备案参考评判标准
2005年11月1日	农业部	新兽药研制管理办法
2005年9月5日	农业部	关于兽药地方标准升国家标准工作的通知
2006年2月8日	农业部	关于组织开展兽药GMP飞行检查工作的通知
2006年2月13日	农业部	2006年兽药市场专项整治方案
2006年4月3日	农业部、国家质量监督检验检疫总局	关于防止约旦境内家禽发生H5N1亚型禽流感传入我国的公告
2006年4月19日	农业部、国家质量监督检验检疫总局	关于为防止高致病性禽流感传入我国的公告
2008年4月21日	农业部	关于加强村级动物防疫员队伍建设的意见
2010年1月25日	农业部	关于加强乡村兽医管理工作的通知
2010年3月5日	农业部	动物防疫条件审查办法

（三）设施与设备

2012年中央财政安排农机购置补贴预计200亿元，补贴范围继续覆盖全国所有农牧业县（场）。补贴机具种类涵盖12大类46个小类180个品目，其中就包含了有关畜禽养殖业的机械，比如青贮切碎机、铡草机、揉丝机、饲料搅拌机、颗粒饲料压制机、孵化机、网围栏、清粪机（车）、挤奶机、冷藏罐、冷藏罐、自动喂料系统、送料机、清粪机、水帘降温设备等。补贴按不超过各省近三年的市场平均价格的30%测算，单机补贴上限5万元。这对于养殖场改善养殖设施和设备起到了促进作用。

（四）环境

对于蛋鸡养殖过程所产生的环境问题，近年来出台了很多相关的政策，比如《畜禽养殖业污染防治技术规范》《畜禽养殖业污染物排放标准》《农业固体废物污染控制技术导则》《畜禽场环境污染控制技术规范》《畜禽粪便无害化处理技术规范》《畜禽养殖产地环境评价规范》《畜禽养殖场环境质量标准》《畜禽养殖污染防治管理办法》《畜禽养殖业污染防治技术政策》《畜禽养殖业污染治理工程技术规范》《全国畜禽养殖污染防治"十二五"规划》。在 2006 年 7 月 1 日开始实施的《中华人民共和国畜牧法》中也有明确规定。在以上政策和法律的基础上，2012 年我国发布了《畜禽养殖污染防治条例（征求意见稿）》，该条例明确了蛋鸡养殖污染防治的原则，实行预防为主、防治结合的原则，坚持统筹规划、合理布局、综合利用、以奖促治。该条例的发布使得蛋鸡养殖过程中产生的环境问题的治理有了依据。

（五）流通和市场方面的政策

虽然没有直接的政策来指导鸡蛋的流通，但 2012 年 3 月 8 日所发布的《关于支持农业产业化龙头企业发展的意见》中，明确提出了：支持大型农产品批发市场改造升级，鼓励和引导龙头企业参与农产品交易公共信息平台、现代物流中心建设，支持龙头企业建立健全农产品营销网络，促进高效畅通安全的现代流通体系建设。大力发展农超对接，积极开展直营直供。支持龙头企业参加各种形式的展示展销活动，促进产销有效对接。规范和降低超市和集贸市场收费，落实鲜活农产品运输"绿色通道"政策，结合实际完善适用品种范围，降低农产品物流成本。铁道、交通运输部门要优先安排龙头企业大宗农产品和种子等农业生产资料运输。这些规定对于以鲜食为主的鸡蛋的流通非常重要，提高了鸡蛋的流通效率。

第二节　产业政策存在问题

通过以上的梳理可以看出，我国对畜牧业非常重视，出台了比较多的政策、法律、条例等，提升了我国蛋鸡产业的发展水平，但在政策上仍然存在一些问题，具体表现在以下四个方面。

（一）产业政策缺乏针对性

就目前来看，国家出台的政策大都是针对整个畜禽产业的，虽然考虑到了不同畜禽种类间的共同点，但没有结合不同畜禽种类间的差异，使得一些政策出台以后，对一些畜禽种类的适用性比较差。政策的出台缺乏针对性，没有只是针对蛋鸡产业的政策的出台，这方面可以借鉴有关生猪方面的政策。只有真正做到"专门"的政策，出台一项政策才会奏效。所以，产业政策的出台还是要根据不同的畜禽种类进行顶端设计。

（二）产业政策执行力差

政策的出台都是经过细致的论证的，但往往在逐级下达过程中，政策的执行会出现偏差；而且到了养殖场，政策能否执行到位非常难以确定。就以往调研的情况来看，养殖场能获得的政策非常少，大多数的养殖场不知道有什么政策，更不会获得优惠政策。这些情况的出现，主要就是因为在产业政策的执行过程中没有很好地理解政策，也没有按照政策的要求去执行。

（三）有关蛋鸡生产经营、流通和市场方面的政策比较少，尚需完善

通过总结发现，以往出台的政策主要集中在育种、饲料、兽药、疫苗、防疫和环境方面，在蛋鸡生产经营、流通和市场方面的政策比较少，尤其是鸡蛋的流通和市场方面，没有明确的政策进行指导和规范。同时，流通主体和市场主体所关注的运输、摊位费、进场费等方面的政策需求没有切实地考虑到，尚需完善。

（四）政策缺乏系统性

以往出台的大多数政策都是相互独立的，并不是延续某一样政策进行补充和完善。就本书梳理的政策来看，在环境方面提出的政策就比较有系统性，有了对环境污染的评估，然后出台环境质量标准、排放标准、污染防治技术、防治办法、防治规划等，最后提出了污染防治的条例，明确规定了如何界定污染、如何治理污染、如何激励和惩罚，这是一套比较完善的政策体系。其他政策的出台要借鉴环境政策，以便更为有效地规范蛋鸡产业发展，促进其健康发展。

第三节　产业政策发展趋势

根据对产业政策的梳理和问题的总结，本研究认为未来我国蛋鸡产业政策的发展趋势要具备针对性、及时性、系统性。

（一）针对性

上文分析到，目前我国政策的出台大都是针对畜禽产业整体的，单独为蛋鸡产业的政策基本上没有，而我国生猪产业政策中就有很多独立的政策。蛋鸡产业有其发展的特殊性，这就需要政府在出台政策的时候要针对蛋鸡产业来制定，并仅仅是有关蛋鸡产业的政策。只有这样，才能提升政策的执行力。

（二）及时性

2013 年 4 月暴发的禽流感，对我国蛋鸡等禽类产业的影响非常大，各级政府都采取了应急措施，尽可能地减少损失，保障蛋鸡产业的稳定，而且之后还出台了对扑杀的禽类（如蛋鸡等）、育种企业进行补贴的政策，在非常短的时间内，相继出台了多个政策，挽救了包含蛋鸡产业在内的禽类产业。这个事件说明，我国目前对于突发事件已经有了非常好的应急政策，出台的政策非常及时，有理由相信未来

我国政府出台政策的及时性还会继续提升。

（三）系统性

上文也提到了环境政策的系统性，有评定、有技术、有办法、有防治，非常全面地解决了环境问题。而且从其他的政策出台来看，也有成体系出台政策的趋势，这说明政策的出台是经过全面系统考虑的，同时也是按照阶段性的时间发布的，通过逐步推进的方式，系统性地实施。

第四节　战略思考及政策建议

我国与蛋鸡产业相关的政策涉及方方面面，促进了蛋鸡产业的可持续发展，但在政策的出台和执行过程中仍然存在问题，基于此，本研究提出以下三点政策建议。

（一）建立健全蛋鸡产业发展政策体系

与蛋鸡产业相关的政策缺乏联系，没有形成一个完整的体系，而且从总结的结构来看，分为育种环节、生产环节、流通和市场环节，但这些环节内部的政策是缺失的，也就是说目前仍然没有完善的蛋鸡产业发展政策体系。需要政府继续挖掘蛋鸡产业不同环节上的问题，提出解决的方案，出台相关的政策。尤其是未来的政策出台都要只是针对蛋鸡的，需增强适用性。因此，为了蛋鸡产业的可持续发展，必须建立健全蛋鸡产业发展政策体系。

（二）重视流通和市场环节的政策出台

流通过程中存在成本高、损耗大、物流设备差等问题，这些问题仍然没有很好地通过政策的途径进行解决，政府可以出台相关的优惠政策，比如减免高速公路过路费等，来减轻流通过程中的压力，同时提升流通的效率。市场环节的政策比较缺乏，需要通过政府出台优惠政策激励养殖主体开拓市场、市场主体减少成本；同时，还需要通过政策手段调控价格，预测预警鸡蛋市场价格，为蛋鸡产业中的各主体提供价格信息。

（三）加大对蛋鸡产业政策执行的跟踪监督

组建专门的监管部门，制定严格的评价政策执行的制度和标准，监督和管理各级政府对蛋鸡产业政策的执行状况，尤其是要从养殖场角度评估政策执行的程度和实施的效果。建立整套的蛋鸡产业政策执行的跟踪监督体系，确保蛋鸡产业政策的实施，为促进蛋鸡产业可持续发展提供政策保障。

第七章 中国蛋鸡产业可持续发展的战略选择

第一节 战略意义

一、可持续发展的内涵与内容

20世纪是全球经济大发展的世纪，但人类却为此付出了惨重的代价：环境污染、生态失衡、资源枯竭。当全球都面临严重的经济、社会、资源与环境问题的时候，人类迫于对现实与未来的忧患，不得不对自身的生产、生活行为进行深刻的反思，可持续发展正是在这一背景下产生的一种全新的发展观。它一经提出，就引起了世人的广泛关注，进入20世纪90年代之后更是得到全球各界的认同。迄今，可持续发展作为世纪“自然—社会—经济”复杂系统的运行规则和运行目标，已普遍而又深刻地融入世界上许多国家的各类发展规划之中。

根据国内外理论研究成果和对实践经验的总结，可持续发展具有深刻而又广泛的内涵，这里的“发展”既不是单纯的经济持续发展或社会持续发展，也不是单纯的生态持续发展。这里的“可持续”指的是以人为中心的“自然—社会—经济”复合系统的可持续。因此，应以系统的观点，从“自然—社会—经济”三维结构复合系统出发将可持续发展的基本概念确定为：人类能动地调控“自然—社会—经济”复合系统，在不超越资源与环境承载能力的条件下，促进经济持续发展，保持资源永续利用，不断提高生活质量，既满足当代人的需求，又不损害后代人满足其需求的能力。这一基本概念表明，完整意义的可持续发展应当是可持续经济、可持续生态和可持续社会三个方面的和谐统一。

（一）经济可持续发展

可持续发展鼓励经济持续增长，因为经济增长是国家实力和社会财富的体现，它既为提高人民生活水平及其质量提供保障，也为可持续发展提供必要的物力和财力。强调可持续发展，但不能以保护环境为由遏制经济增长。当然，经济持续增长不仅要重视数量的增长，更要追求质量的增长，这就客观地要求改变传统的以“高投入、高消耗、高污染”为特征的粗放型经济增长模式，实现以“提高效益、节约资源、减少废物”为特征的集约型经济增长。同时，要相应改变传统的消费模式，进行文明消费。

（二）生态可持续发展

可持续发展不是无限的，而是有限的，因为它要与有限的自然承载能力相协调。正是这种发展的有限性，保证了生态的可持续性，也才使得持续的发展具有可能性。因此，生态的可持续与可持续发展是相辅相成的，前者是后者的前提，没有生态的可持续，就没有可持续发展；反过来，通过可持续发展又能够实现生态的可持续。这就要求我们在追求发展时，必须同时注意保护环境，包括控制环境污染、改善环境质量、保护生命支持系统、保持地球生态的完整性、保证以持续的方式使用可再生资源，使人类的发展保持在地球的承载能力之内。

（三）社会可持续发展

可持续发展强调社会公平，没有社会公平，就没有社会的稳定。不同的国家或区域，因其发展水平不同，在不同时期可持续发展的具体目标可能不尽相同，但其本质应当是一致的，即改善人类生活质量，提高人类健康水平，创造一个保障人人平等、自由和免受暴力，保障人人有受教育权和发展权，保障人权的社会环境。

二、我国蛋鸡产业可持续发展的基本内涵与内容

结合可持续发展的基本内涵，我们认为蛋鸡产业可持续发展的基本内涵是：

1. 蛋鸡产业经济可持续发展

鼓励蛋鸡产业经济增长，既要重视鸡蛋数量的增长，以继续满足消费群体的需求，更要追求改善质量、提高效益、节约能源、减少废物，改变传统的生产和消费模式，实施清洁生产和文明消费。

2. 蛋鸡产业生态可持续发展

蛋鸡产业的发展要以保护自然为基础，与资源和环境的承载能力相协调，在蛋鸡产业发展过程中必须保护环境，包括控制环境污染、改善环境质量、保护生命支持系统、保护生物多样性、保证以持续的方式使用可再生资源，使人类的发展保持在地球承载能力之内。

3. 蛋鸡产业社会可持续发展

蛋鸡产业的可持续发展要以改善和提高生活质量为目的，与社会进步相适应。可持续发展的内涵均应包括改善人类生活质量，提高人类健康水平。

三、我国蛋鸡产业可持续发展的战略意义

（一）有利于提高蛋鸡产业经济效益

追求经济效益，是产业发展的基本动力。虽然我国蛋鸡产业取得了一定的成

绩，但和蛋鸡生产发达国家相比，我国的蛋鸡产业经济效益仍较低。究其原因，主要是我国蛋鸡产业的进入门槛低，生产规模小，局部地区甚至存在过度竞争情况，再加上蛋鸡养殖中由于环境、设施等条件不配套，生产规模差距大，导致鸡蛋的生产水平有较大的差异。同时，疾病或市场的影响，使得我国鸡蛋供给受到冲击，尤其是市场价格的波动，导致蛋鸡养殖场（户）的经济效益处于不稳定状态，影响养殖主体的经济效益。从整个产业经济效益来看，我国蛋鸡现代产业链尚未完全建立，产业链之间的利益联结尚不紧密，导致产业环节之间的利益差异较大，各主体分享整个产业链的利润尚不平衡。这些因素，阻碍了我国蛋鸡产业经济效益的提高。实施蛋鸡产业可持续发展战略，从产业总体角度出发，系统制订产业的发展战略，是促进蛋鸡产业经济效益提高的前提和动力，也是进一步促进我国蛋鸡产业协调发展的关键。

（二）有利于提高蛋鸡产业生态效益

任何一种生产行为，均带有负外部性的影响；任何一个产业的发展，需要与有限的自然承载能力相协调。正是在产业发展过程中存在这种有限性，保证了生态的可持续性，也使得可持续发展具有可能性。在促进蛋鸡产业发展的过程中，必须注意到产业发展可能对环境带来的负面影响，尤其是蛋鸡废弃物如何进一步处置和提高资源的综合利用水平，是摆在产业发展面前的一大问题。实施可持续发展战略，就是要进一步促进产业发展与生态环境之间的协调，将生态效益纳入可持续发展战略之内，有利于统筹考虑提高蛋鸡生态效益。

（三）有利于提高蛋鸡产业社会效益

在我国蛋鸡产业发展转型时期，机械化养殖水平不断提高，机械替代劳动力资源成为趋势。同时，在构建完善的现代产业链过程中，由于存在各个分工明确的产业链主体，因而又存在主体之间的竞争与合作。如何在蛋鸡产业发展的过程中，进一步强调社会公平，保障产业稳定，是目前产业发展的一个新的课题。实施可持续发展战略，就是要协调发展机械与人的关系，加大对相关从业人员的培训，完善产业链环节之间的关系，从而促进蛋鸡产业在提高经济效益、生态效益的同时，进一步提高社会效益。

（四）有利于促进蛋鸡产业经济效益、生态效益和社会效益的统一

当前，我国蛋鸡产业发展过程中仍然存在着一些比较突出的问题。实施蛋鸡产业可持续发展战略，既要提高产业的经济效益，又要提高产业的生态效益和社会效益，并且在不断的发展中，要寻求生态效益、经济效益和社会效益的高度统一，才能促进产业经济发展与人口、资源、环境的协调。

第二节　战略定位

一、总体定位

我国蛋鸡产业可持续发展战略的总体定位是：以科学发展观统领我国蛋鸡产业工作全局，紧紧围绕社会主义新农村建设的中心任务，以蛋鸡产业增效、养殖场（户）增收和建设国际蛋鸡经济强国为目标，以产业结构调整为主线，坚持以市场为导向，以蛋鸡产业科技创新为动力，积极推进现代蛋鸡产业的发展，转变蛋鸡产业增长方式，优化蛋鸡产业结构，做强蛋制品加工业，加强蛋鸡质量安全管理，提高蛋禽养殖的废弃物综合利用水平，保护蛋鸡养殖区生态环境保护，实现我国蛋鸡产业科学发展和全面发展。

二、总体原则

未来我国蛋鸡产业发展的总体原则是推进规模养殖模式发展，注重资源利用与环境保护，引导蛋鸡产业经济向产业循环方向发展，走可持续发展之路。

以下为具体的原则。

（一）市场导向原则

以国内（国内加工品）和国际（出口）两个市场为导向，充分发挥市场的调控作用，引导形成适销对路、具有特色的蛋鸡生产、经营、加工、流通体系，提升蛋鸡产业整体效益。

（二）区域协调发展原则

应充分发挥比较优势，合理调整产业布局，使蛋鸡养殖区逐步向玉米等资源优势产区转移、蛋品加工区向养殖区域靠拢，解决我国目前蛋鸡产区分散问题；普及消费知识，消除消费误区，合理引导居民消费，扩大南方等地区蛋鸡消费水平。

各优势区域协调发展的原则总体上是打造我国蛋鸡生产、加工的集聚区，并统一鸡蛋及其制品的标准。

（三）品牌带动原则

目前，蛋鸡市场竞争已不再是单纯的产品价格和质量的竞争，蛋鸡以品牌争夺天下的时代已经到来，应当由生产经营向品牌经营转变。要实施蛋鸡品牌战略，着力培育优质品牌，以品牌开拓市场，以品牌提高效益，不断增强我国蛋鸡产业的国内和国际两个市场的竞争力。

为保障以品牌带动原则促进我国蛋鸡产业的发展，则在今后必须坚持集约生产和标准化生产。集约化体现在进一步测算我国蛋鸡养殖规模经济效益，逐步由分散养殖过渡到适度规模养殖；标准化体现在应进一步以育种、饲料、疫苗等生产投入品和蛋鸡质量安全标准为重点，加强标准的示范、推广、宣传和培训工作。

（四）科技与创新原则

科技与创新是蛋鸡产业保持旺盛市场竞争力，是加快我国蛋鸡产业可持续发展的重要源泉。要坚持科技是第一生产力，合理开发，注重技术创新和实用科技的推广普及，提高科技在现代蛋鸡产业发展中的贡献率。

第三节　战略重点

一、发展重点

我国蛋鸡产业应以提升蛋鸡产业化经营水平、构建蛋鸡产业科技创新体系、加强科技推广体系建设和强化蛋鸡安全生产与管理，作为我国农业发展进入现代农业建设的新时期的重点。

（一）提升蛋鸡产业化经营水平

1. 建设区域性规模化生产基地

重点扶持区域优势明显的蛋鸡规模养殖生产基地，扩大以龙头企业带动的优势蛋鸡区域、无公害、绿色和有机蛋鸡生产示范基地，建立优势出口蛋禽养殖基地与加工型龙头企业配套的养殖和育种基地。

2. 重点扶持龙头企业的发展

围绕蛋鸡加工开发和蛋品批发市场等，重点抓好蛋鸡龙头企业建设。积极创建名优品牌，开拓蛋鸡市场，加快我国蛋鸡产、加、销一体化龙头企业的发展。中央重点扶持国家级龙头企业，地方可通过资本运作、股份合作、招商引资等形式，加快蛋品加工和批发市场等企业的规模扩张，完善经营机制，增强带动养殖户的能力。

3. 积极发挥蛋鸡产业合作经济组织作用

农民专业合作经济组织是推进现代农业发展的必然选择。按照“利益共享，风险共担”的基本原则，采取政策扶持、项目带动、示范推广等措施，积极引导养殖户组建各类蛋鸡合作经济组织，使之在禽种繁育，蛋禽养殖基地，蛋鸡质量管理、加工、流通、销售等方面逐步拓展规模和规范管理。

（二）构建蛋鸡产业科技创新体系，加强科技推广体系建设

为保证我国蛋鸡产业可持续发展，应当以解决制约我国蛋鸡产业发展的关键性技

术难题为主，构建我国蛋鸡产业科技创新体系。重点是加强祖代、父母代禽种的育种研究，加大研究适宜于各区域蛋鸡生产废弃物有效利用技术，加强蛋品深加工技术研发。今后，国家应进一步充分整合科研技术力量，重点推进科研院校或相关研究机构与重点龙头企业的结合度，实现强强联合模式重点攻关重大技术难题，加强科学技术成果的转化度。

同时，应加强重点蛋鸡生产区域的技术推广体系建设工作，以一体化方式积极推进蛋鸡产业推广体系的改革与建设，建立相关技术推广制度，提高基层畜牧兽医部门技术推广的积极性。

（三）强化蛋鸡安全生产和管理

目前，我国蛋鸡产业已经进入了产业生命周期的稳步发展阶段，蛋鸡质量安全已经成为整个蛋鸡产业生存和发展的根本。因此，需要进一步强化蛋鸡安全生产和管理工作，保障蛋鸡从生产餐桌的安全。具体来说：①在生产、流通、加工和消费环节均加大蛋鸡安全的监督管理水平；②加大安全蛋鸡生产的认证和监测工作。

二、重点工程

（一）家禽良种工程

国家应加大资金投入，进一步加强蛋鸡育种工作，建立一批大规模、高标准的蛋鸡育种基地，提高蛋鸡综合生产能力。①加快我国蛋鸡的自主育种工作，逐步实现从引进祖代种蛋鸡向国内繁育过渡，提高国产品种的比例（在2020年达到50%以上），促进我国蛋鸡产品的多元化；②强化蛋鸡种配套体系建设，逐步完善祖代、父母代和商品代的繁育体系；③继续扶持一批家蛋鸡育种龙头企业，加快蛋鸡良种的商品化进程；④加强蛋鸡种管理工作，加强蛋鸡种质量监管，特别是应加强引种的病原监测，利用现代科学技术，实现从祖代进行病源净化；⑤加快对新品种养殖的科技示范力度。

（二）家禽疾病防控工程

继续完善蛋鸡生产的动物防疫检疫制度，特别是强化基层防疫技术队伍建设，建立蛋鸡疫病监测预警、预防控制、检疫监督、环境监测、兽药质量监控检测和技术支撑体系，提高我国蛋鸡质量安全生产能力。

（三）蛋鸡质量安全工程

①完善我国蛋鸡生产的疫病监控制度；②对新建立的种禽场、养殖场要进行严格的环境评估，以环境和蛋鸡质量安全作为新时期蛋鸡养殖业的新门槛；③加快我国蛋鸡质量标准的制定，加快我国无公害、绿色和有机蛋鸡产品的认证和监管；④实施蛋

鸡产品市场准入制度。

(四) 废弃物处理与综合利用工程

当前，畜禽粪便处理不当与蛋鸡生产废弃物浪费是制约我国蛋鸡产业发展的主要瓶颈之一。今后，应重点研究分散养殖地区的畜禽粪便综合利用问题，产生一批适宜于各地的畜禽粪便综合利用技术，推广一批广大养殖户能够接受的简便化和低成本的技术，实现畜禽粪便的综合利用。

(五) 蛋鸡品牌培育工程

目前，我国的蛋鸡产量大，但商品化程度低。今后，在制定和实施我国蛋鸡质量标准与分级的基础上，应以资金鼓励等方式，积极引导龙头企业加快蛋鸡品牌培育，建立蛋鸡制品的市场化差异策略方案，整合区域资源，逐步打造各优势区域的特色蛋鸡品牌，营造品牌效应，通过品牌效应带动蛋鸡产业发展。

(六) 蛋鸡市场体系建设工程

应着眼于国内和国际两个市场，在我国蛋鸡生产优势区域，重点给予相关优惠与扶持政策，加快现代化的蛋鸡市场体系建设。①形成具有辐射功能较强的区域性批发市场，促使形成蛋鸡产品运销通畅、交易灵活的流通网络；②在现有农产品批发市场的基础上，支持建设一批现代化蛋鸡产品专业批发市场，进一步完善物流、信息、价格与质量检验功能。

第四节　战略选择

一、战略目标

我国蛋鸡产业可持续发展战略的总体目标是：到 2020 年，力争实现“一个延伸、两个增加、三个接近和四个提高”的目标。

(一) 一个延伸

一个延伸，即通过技术体系和政策扶持，逐步延伸我国蛋鸡的产业链。目前，我国蛋鸡产业的链条较短，上游市场与下游市场孤立，各环节之间的关联程度较低，蛋鸡产品的附加值较低。为了扭转这一状况，应通过技术体系和政策扶持，推动蛋鸡产业逐步向上下游延伸。向上游的延伸，主要是加大我国蛋鸡育种、饲料研发等基础产业环节；向下游延伸，主要是强化我国的蛋鸡加工、物流配送。通过延伸我国蛋鸡产业链，进一步提升我国蛋鸡产品的附加值水平。

（二）两个增加

1. 稳步增加蛋鸡产量

这种增加已经不同于20世纪90年代以后的快速增长，而是以我国人口和消费者增加所带动的缓慢平稳增加。到2020年我国蛋鸡总产量达到2 950万吨，其中鸡蛋达到2 500万吨左右、其他蛋产量达到450万吨；到2030年我国蛋鸡总产量达到3 250万吨，其中鸡蛋达到2 750万吨左右、其他蛋产量达到500万吨，以满足人口增加带来的消费量增加的需求。

2. 逐步增加大型养殖规模的比例

利用信贷支持等多种措施，鼓励中小型养殖场逐步扩大养殖规模，逐步提高1万～10万只规模的养殖场在整个蛋鸡养殖产业中的比例。

（三）三个接近

三个接近，即依靠技术进步和强化养殖场管理，逐步提高我国蛋鸡养殖的成活率、产蛋率和饲料转化率，使之接近于世界发达国家水平。

（四）四个提高

①提高我国蛋鸡养殖规模化程度，使蛋鸡养殖1万～10万只的规模比例提高到25%；②注重提高我国蛋鸡产品质量标准，制定新时期的蛋品标准；③提高优质品牌产品的市场份额，其产量达到蛋鸡总产量的25%，产值达到蛋鸡产值的45%；④提高蛋鸡的深加工程度，满足多层次的消费需求，实现蛋鸡产业增值增效。

二、战略选择

我国蛋鸡产业可持续发展的战略选择是：紧紧围绕我国蛋鸡产业“一个延伸、两个增加、三个接近和四个提高”的战略目标，坚持多元化发展模式，找准三个突破口，培植三大产业。

（一）坚持多元化模式

由于我国蛋鸡生产较为分散，各地区经济发展差异较大，区域资源禀赋不同，并且以农村为主饲养蛋鸡和其他家禽的格局将长期保持不变，因此不能以一种单一的模式作为指导我国蛋鸡产业的经营，应坚持多元化养殖模式。

利用市场和政策引导与调节的方式，稳步促使具有技术能力和管理能力的小规模养殖户逐步过渡到大中型养殖场（蛋鸡年存栏为1万～10万只）；部分经济效益较差的养殖户（场）逐步退出养殖产业；支持龙头企业积极推进蛋鸡产业一体化发展，稳步推进我国蛋禽养殖业适度规模经营。

（二）找准三个突破口

1. 家禽健康养殖

随着人民生活水平的提高，越来越多的居民关注食品安全问题。为了确保我国蛋鸡安全和产业可持续发展，今后必须将家禽健康养殖模式作为我国蛋鸡产业发展的突破口。即重点应改善家禽养殖条件、品种选育、疾病防治、营养饲料、饲养管理、产品品质、动物福利、生态环境、经营管理等方面，使上述家禽养殖过程符合健康标准。

2. 废弃物高效处理和利用

我国蛋鸡产业发展过程中，受技术和市场的影响，禽粪便综合能力低，不仅带来了环境污染问题，而且浪费了宝贵的生物质资源。应加强资源综合利用技术的研发和课题推广，扩大资源综合利用方式，推行养殖全过程控制污染的养殖模式，推进废弃物循环利用工程建设，实现蛋鸡产业从数量型向生态型转变。

3. 蛋鸡生产全程可追溯

建立我国蛋鸡生产可追溯体系，既是我国蛋鸡产业可持续发展的契机，也是推动我国蛋鸡产业协调发展的动力。应加大技术研发，逐步建立我国蛋鸡产品跟踪与追溯应用示范系统，通过对大中型养殖场家禽的防疫、饲料、疾病、检疫等信息的详细记录而形成产地、养殖场和养殖过程信息数据库，并采用商品条码标识信息，以此进行蛋鸡产品追溯，保障蛋鸡质量安全。

（三）培植三大产业

1. 家禽良种产业

家禽良种是我国蛋鸡产业可持续发展的物质保障与基础。目前，我国家禽繁育基础设施相对落后，产蛋率高、成活率高、饲料转化率高的家禽主要依赖从国外进口引进，育种问题成为制约我国蛋鸡产业高效发展的“瓶颈”。要加强国家、省和市级的育种工作，建立育种基地，并促使形成家禽良种繁育体系。

2. 蛋鸡深加工业

蛋鸡加工将主要面向国际市场，重点抓好蛋鸡新产品开发，加大技术研发力度和政策扶持，按照“引进、培植和整合”思路，引进一批科技含量高、投资规模大、出口能力强的蛋鸡加工企业，培植做大做强一批传统蛋鸡加工企业，整合资源组建一批新型蛋鸡加工企业的发展思路，加快发展步伐。同时，要形成以生物技术为主的、具有高附加值的蛋鸡深加工业，扩大蛋鸡产业的外向度，提高我国蛋鸡制品的出口能力，提升我国蛋鸡产业的国际竞争力。

3. 蛋鸡服务业

主要以政策扶持为基础，加快形成蛋鸡育种、防疫、疫苗、技术推广和市场服务等产业，实现我国蛋鸡服务专业化体系，是延伸我国蛋鸡产业链的重要突破口。

图书在版编目（CIP）数据

中国现代农业产业可持续发展战略研究．蛋鸡分册/国家蛋鸡产业技术体系编著．—北京：中国农业出版社，2016.7

ISBN 978-7-109-21417-0

Ⅰ.①中…　Ⅱ.①国…　Ⅲ.①现代农业－农业可持续发展－发展战略－研究－中国②卵用鸡－饲养管理　Ⅳ.①F323②S831.4

中国版本图书馆 CIP 数据核字（2016）第 017994 号

中国农业出版社出版
（北京市朝阳区麦子店街 18 号楼）
（邮政编码 100125）
策划编辑　宋会兵
责任编辑　周锦玉

中国农业出版社印刷厂印刷　　新华书店北京发行所发行
2016 年 7 月第 1 版　　2016 年 7 月北京第 1 次印刷

开本：787mm×1092 1/16　　印张：11
字数：180 千字
定价：60.00 元